Selasi Yao Avornyo

Avaliação da qualidade da água de algumas lagoas no Gana

AF537073

Selasi Yao Avornyo

Avaliação da qualidade da água de algumas lagoas no Gana

ScienciaScripts

Imprint

Any brand names and product names mentioned in this book are subject to trademark, brand or patent protection and are trademarks or registered trademarks of their respective holders. The use of brand names, product names, common names, trade names, product descriptions etc. even without a particular marking in this work is in no way to be construed to mean that such names may be regarded as unrestricted in respect of trademark and brand protection legislation and could thus be used by anyone.

Cover image: www.ingimage.com

This book is a translation from the original published under ISBN 978-620-2-06180-3.

Publisher:
Sciencia Scripts
is a trademark of
Dodo Books Indian Ocean Ltd. and OmniScriptum S.R.L publishing group

120 High Road, East Finchley, London, N2 9ED, United Kingdom
Str. Armeneasca 28/1, office 1, Chisinau MD-2012, Republic of Moldova, Europe
Managing Directors: Ieva Konstantinova, Victoria Ursu
info@omniscriptum.com

Printed at: see last page
ISBN: 978-620-8-50618-6

Copyright © Selasi Yao Avornyo
Copyright © 2024 Dodo Books Indian Ocean Ltd. and OmniScriptum S.R.L publishing group

ÍNDICE DE CONTEÚDOS

CAPÍTULO UM

INTRODUÇÃO

Antecedentes

Nos últimos tempos, tem havido muitas preocupações no sentido de proteger as lagoas para garantir que as gerações futuras beneficiem das suas funções. A definição de lagoas tem-se revelado difícil, no entanto, Pritchard (1967) deu uma definição clássica de lagoa como qualquer massa de água com uma profundidade média inferior a 6 m, onde tanto o mar como a água doce se misturam, e é aberta permanentemente ou intermitentemente para o seu mar adjacente. Apau *et al.* (2012) também definem as lagoas como massas de água costeiras pouco profundas separadas do oceano por uma série de ilhas-barreira que se encontram paralelas à linha de costa. As lagoas costeiras do Gana podem ser agrupadas em sistemas abertos ou fechados, consoante a sua ligação ao mar.

África sempre foi identificada como sendo dotada de recursos naturais. O âmbito abrange uma grande variedade de recursos em terra e na água. Na tentativa de alcançar um nível de desenvolvimento mais elevado, os habitats naturais que asseguram a renovação dos valiosos recursos são destruídos e, em muitas situações, até ao ponto de colapso total. As lagoas costeiras são um dos principais recursos naturais do continente africano. São massas de água que se encontram atrás de barreiras costeiras e que têm uma ligação superficial ou subsuperficial com o mar. As lagoas costeiras são elementos importantes que ocupam cerca de 13% da costa mundial (Troussellier, 2007) e têm caraterísticas únicas tendo em conta o ecossistema que suportam. O Gana, por exemplo, tem mais de 90 lagoas espalhadas ao longo dos seus 550 km de costa, muitas das quais têm menos de 0,5 km^2 (Armah e Amlalo, 1998).

No Gana, a qualidade da água ou a saúde ecológica das lagoas costeiras raramente é monitorizada, embora as lagoas desempenhem papéis importantes. As lagoas costeiras prestam inúmeros serviços ecológicos, tais como locais de mangais, locais de reprodução e/ou berçário para muitas espécies de peixes e aves, locais de alimentação e repouso para algumas aves migratórias, locais de recarga de águas pluviais e habitats para muitas espécies de vida selvagem, incluindo peixes. Outras funções das lagoas costeiras que são importantes para o homem incluem o modo de transporte, a alimentação da vida selvagem, locais de aquacultura, eliminação de resíduos e locais de recuperação. Estas últimas resultam de processos naturais de sedimentação relativamente elevados ao longo de curtos períodos de tempo geológico, que são ainda reforçados pelas profundidades pouco profundas das lagoas costeiras.

As lagoas costeiras do Gana têm sido confrontadas com sérios desafios ambientais que foram identificados como uma causa da sua degradação e da consequente redução da sua capacidade produtiva da pesca. O aumento da taxa de urbanização, a industrialização e outras formas de modernização têm afetado as capacidades produtivas das massas de água costeiras em geral, ao ponto de ameaçar a sua existência para limites sustentáveis (Addo *et al.,* 2012). As tentativas de avaliação económica das lagoas costeiras sublinham a necessidade de reforçar os regulamentos legislativos sobre a exploração das lagoas costeiras do Gana e a necessidade de monitorização frequente para ajudar na tomada de decisões, razão pela qual a monitorização da qualidade da água e a avaliação da integridade ecológica das zonas húmidas costeiras se tornaram a preocupação da comunidade científica ganesa. A avaliação da qualidade da água das lagoas é, por conseguinte, um passo importante em todas as tentativas para travar a ameaça de degradação da poluição ambiental.

A qualidade da água, tal como definida por Diersing (2009), é um termo utilizado para descrever o estado da água, incluindo as suas caraterísticas químicas, físicas e biológicas, geralmente no que diz respeito à sua sustentabilidade para um determinado fim. A monitorização da mesma, ou seja, a avaliação da qualidade da água é o processo global de avaliação da natureza física, química e biológica da água em relação à qualidade natural, aos efeitos humanos e aos usos pretendidos, particularmente os usos que podem afetar a saúde humana e a saúde do próprio sistema aquático (GESAMP, 1988). A avaliação da qualidade da água assenta na medição e monitorização de variáveis da água como a transparência, o pH, a condutividade, a temperatura, os nutrientes, incluindo fosfatos e nitratos, e as bactérias coliformes.

Uma componente importante da avaliação da qualidade da água de uma lagoa é o passo que requer o desenvolvimento de um Índice de Qualidade da Água (IQA), utilizando assim um número sem dimensão que combina múltiplos factores de qualidade da água num único número (Miller *et al.,* 1986). A derivação de um índice de qualidade da água é uma forma eficaz de comunicar informações sobre as tendências da qualidade da água de uma lagoa e uma forma potencial de informar o público em geral e os decisores sobre o estado das nossas lagoas no que diz respeito aos seus níveis de poluição (se houver) e a extensão da poluição. Isto, portanto, conota a importância da avaliação da qualidade da água numa tentativa de salvar as nossas lagoas da poluição e de um possível ponto de colapso completo.

Justificação

A avaliação da qualidade da água é muito importante, uma vez que ajuda a determinar se a água, neste caso, as lagoas costeiras, é adequada para determinados fins, como o consumo animal, a recreação e o turismo. Também ajuda a determinar a extensão ou o nível de poluição das lagoas costeiras e como meio de comparação entre duas ou mais lagoas em termos da sua capacidade de suportar processos tróficos. Os índices de qualidade da água desenvolvidos a partir da avaliação da qualidade da água garantem uma avaliação rápida das lagoas costeiras, o que é um requisito necessário não só como meio económico de avaliação da qualidade do ecossistema, mas também para tirar o máximo partido dos escassos dados recolhidos sobre esses sistemas para fins de modelização.

A maioria dos programas de avaliação da qualidade da água tem sido direcionada para os sistemas de água doce devido à sua importância no fornecimento de água para uso doméstico, agrícola e industrial. Existe uma lacuna na informação relativa à qualidade da água das lagoas, uma vez que as lagoas costeiras estão sempre ligadas a habitats biofísicos mais complicados, servindo como locais de ligação entre a água (doce e marinha) e a terra. Daí a escolha das lagoas costeiras para aumentar esta aparente deficiência na recolha de informações para a monitorização ambiental e para acentuar a sua importância e a razão pela qual devem ser protegidas.

Finalidades e objectivos

O estudo teve como objetivo avaliar a qualidade da água das lagoas Keta, Densu, Sakumo II e Mukwe, localizadas ao longo da costa oriental do Gana.

Os objectivos específicos eram os seguintes

1. Comparar os níveis dos parâmetros físico-químicos tais como pH, DO, ORP, temperatura, EC, TDS entre outros nas quatro lagoas selecionadas.
2. Estimar o Índice de Qualidade da Água (IQA) para as quatro lagoas selecionadas.
3. Determinar a extensão da degradação (caso exista) com base no índice de qualidade da água e em estudos anteriores.

CAPÍTULO DOIS

REVISÃO DA LITERATURA

Lagoas Costeiras - Origem, Definição, Caraterísticas

As lagoas costeiras são caraterísticas comuns encontradas ao longo das fronteiras costeiras da maioria dos continentes. As lagoas costeiras tiveram origem quando as barreiras e os processos costeiros formados durante o Holocénico e o Pleistocénico aprisionaram a água total ou parcialmente em depressões durante as variações da subida do nível do mar (Nichols e Biggs, 1985). As lagoas costeiras podem ser definidas como ecossistemas aquáticos pouco profundos (menos de 6 m) que se desenvolveram na interface entre os ecossistemas costeiros terrestres e marinhos. Podem ser permanentemente abertas ou intermitentemente fechadas ao mar adjacente por barreiras deposicionais (KjerfVe, 1994; Gonenc e Wolflin, 2004). As salinidades dentro das lagoas podem variar de água quase doce a água hipersalina. Kjerfve (1994) demonstrou que, dependendo da taxa de troca de água das lagoas com o oceano costeiro, as lagoas costeiras podem ser divididas nos três tipos geomórficos seguintes: lagoas estranguladas, restritas e com fugas.

De uma forma simplista, as lagoas do Gana podem ser classificadas em dois tipos: as lagoas abertas que estão associadas a grandes rios e têm uma ligação permanente ao mar e as lagoas fechadas que se formam atrás de bancos de areia, sem ligação permanente ao mar (Boughey, 1957; Kwei, 1977; Mensah, 1979; Gordon, 1987). Em termos ecológicos, os sistemas lagunares abertos são mais estáveis e têm uma fauna diversificada devido à influência do mar. As lagoas fechadas são funcionalmente mais imprevisíveis, com condições que mudam muito rapidamente de um momento para o outro.

Importância das lagoas costeiras

As lagoas costeiras proporcionam vários benefícios ou serviços, tais como transporte, locais de mangais, habitat para a vida selvagem e aves migratórias, e locais de recarga. São caraterísticas fisiográficas que consistem em vários tipos de biótopos e habitats complexos que servem de hotspots para a biodiversidade (Anthony *et al.,* 2009). Devido às suas profundidades relativamente rasas e à ligação entre os meios terrestre e marinho, podem ser descritas como dinâmicas mas produtivas em condições ambientais muito variáveis. As condições altamente variáveis de vento, maré, precipitação, aporte de nutrientes e outras condições semelhantes asseguram a não dominância de uma espécie em particular. Os valores estéticos das lagoas costeiras como áreas serenas para o turismo contribuem para a geração de receitas para algumas nações. A dependência do homem dos serviços prestados pelas lagoas costeiras é largamente observada pelo estabelecimento de muitas cidades, comunidades e indústrias nas lagoas costeiras do mundo ou à sua volta (Anthony *et al.,* 2009).

Ameaças às lagoas costeiras

As lagoas fornecem muitos benefícios ou serviços, no entanto, é evidente que os valores e benefícios fornecidos pelas lagoas estão sob ameaça crescente de sobre-exploração e degradação (Ntiamoa-Baidu e Gordon 1991). Estas lagoas que fornecem os valores e benefícios estão sob pressão da população humana em expansão. Uma população humana em expansão está sobretudo associada a efeitos adversos, tais como impactos locais de eutrofização; contaminação por esgotos não tratados e metais pesados, efluentes industriais e resíduos municipais; sobrepesca; introdução de espécies não nativas; práticas negativas de uso da terra na bacia hidrográfica circundante e aberturas artificiais de bancos de areia e actividades de dragagem, entre muitas outras práticas. Estes impactos da expansão da população humana afectam os habitats e as comunidades bióticas, afectando assim o funcionamento normal das lagoas costeiras (Simeonov *et al.,* 2002). A procura crescente de múltiplas utilizações benéficas, como a água potável, a agricultura, os ecossistemas aquáticos e as actividades recreativas, constitui um desafio a todos os níveis - local, estatal, interestatal e nacional - e exige uma melhor definição de prioridades para as nossas necessidades de água de alta qualidade, em conjugação com considerações económicas (APHA, 1998).

Qualidade da água

O processo global de avaliação da natureza física, química e biológica da água em relação à qualidade natural, aos efeitos humanos e às utilizações pretendidas, em particular as utilizações que podem afetar a saúde humana e a saúde do próprio sistema aquático, é a avaliação da qualidade da água (GESAMP, 1988). Aspectos importantes da avaliação da qualidade da água são a interpretação e a comunicação dos resultados da monitorização da qualidade da água e a formulação de recomendações para acções futuras. Lamptey *et al.* (2013) efectuaram um estudo de investigação sobre a influência do uso do solo na qualidade da água do Complexo da Lagoa de Keta. A qualidade da água dos poços da lagoa de Keta e das planícies aluviais circundantes foi considerada imprópria para consumo. Apau *et al.* (2012) também trabalharam na avaliação dos parâmetros de qualidade da água da lagoa de Kpeshie, que também se revelou poluída. A quantidade e a qualidade da água numa lagoa são influenciadas pela taxa a que a lagoa perde ou ganha água por evaporação, precipitação, entrada de água subterrânea, escoamento superficial e troca com o oceano (Allen *et al.*, 1981).

Índice de qualidade da água (IQA)

O índice de qualidade da água é um número sem dimensão que combina vários factores de qualidade da água num único número, normalizando os valores para curvas de classificação subjectivas (Miller *et al.,* 1986). De acordo com Dwivedi e Pathak (2007), a utilização de índices adequados é uma das formas mais eficazes de comunicar informações sobre as tendências da qualidade da água. Um índice de qualidade da água reúne vários parâmetros físico-químicos e biológicos, como o pH, a temperatura, a CBO, os nutrientes, a condutividade, a salinidade, etc., em função do objetivo do estudo. Isto é feito em etapas bem definidas, a fim de definir um valor único que, quando comparado com um esquema de classificação, dá uma indicação da qualidade da água.

A utilização de índices é, no entanto, selectiva em função da região ou dos objectivos do estudo. Por exemplo, a lagoa Pulicat, uma lagoa costeira produtiva na costa sudeste da Índia, foi estudada depois de terem sido efectuados muitos estudos físico-químicos e biológicos para ajudar a classificar o estado trófico utilizando o índice do estado trófico de Carlson (TSI). Com a profundidade do disco de Secchi, foram observadas variações significativas nos valores previstos do TSI e nas medições *in situ* da transparência. Este facto sugeriu a necessidade de desenvolver um índice mais recente e adequado para a avaliação da qualidade da água nestas lagoas.

Parâmetros de qualidade da água

Trata-se de factores físicos, químicos e biológicos considerados na avaliação da qualidade da água. Existe uma vasta gama de parâmetros que podem ser incorporados na avaliação da qualidade da água, mas, para efeitos desta investigação, será dada ênfase ao fosfato, alcalinidade, silicato, sulfato, amoníaco, nitrato, sólidos suspensos totais (SST), carência bioquímica de oxigénio (CBO), temperatura, condutividade, pH, salinidade, oxigénio dissolvido (OD), sólidos dissolvidos totais (SDT) e potencial de redução do oxigénio (PRO).

Nutrientes

Para o âmbito deste estudo, o foco seria o fosfato, o sulfato, o silicato, o amoníaco e o nitrato. O fósforo é frequentemente o nutriente limitante para o crescimento das plantas (é escasso em relação ao azoto), ocorrendo normalmente na natureza sob a forma de fosfato, quer orgânico quer inorgânico. O sulfato é a forma oxidada estável do enxofre que é facilmente solúvel na água e pode ser utilizado como fonte de oxigénio pelas bactérias que o convertem em sulfureto de hidrogénio em condições aeróbias. O amoníaco ocorre naturalmente nas massas de água em resultado de actividades biológicas como a decomposição e a excreção pela biota. O nitrato ocorre geralmente em quantidades vestigiais nas águas superficiais e é o nutriente essencial para muitos autótrofos fotossintéticos, tendo sido identificado como o nutriente limite de crescimento. Os silicatos são compostos que contêm silício e oxigénio em combinação com metais como o alumínio, o cálcio, o magnésio, o ferro, o potássio, o sódio e outros. Os silicatos são classificados como sais (APEC Water, 2014).

A concentração total de fosfato nas águas de superfície não deve exceder 0,1 mg/L, de acordo com a USEPA (2009). As concentrações de nitrato, sulfato e amoníaco não devem exceder os limites de 10 mg/L, 250 mg/L e 0,12-2,18 mg/L, respetivamente (USEPA, 2009). Acima deste limite admissível, o excesso de nutrientes pode desencadear uma proliferação significativa de algas, diminuindo a penetração da luz e os níveis de oxigénio dissolvido; provoca também a degradação estética das massas de água de superfície. Em alguns casos extremos, a proliferação de algas pode ser prejudicial para a saúde humana, por exemplo, quando entram em contacto com os olhos ou quando são ingeridas (Mylavarapu, 2008). No entanto, quando as concentrações de nitratos se tornam excessivas e estão presentes outros factores de nutrientes essenciais, a eutrofização e a proliferação de algas associadas podem tornar-se um problema (Gary e Perocelli, 1985). Em certos níveis de pH, uma concentração elevada de amoníaco é tóxica para a vida aquática e, por conseguinte, prejudicial para o equilíbrio ecológico das massas de água (Meybeck *et al.,* 1989).

Alcalinidade total

A alcalinidade é a capacidade de tampão da água para resistir a alterações do pH que a tornariam mais ácida. A alcalinidade refere-se à capacidade da água para neutralizar o ácido, de tal modo que a adição de um ácido não provoca uma alteração apreciável do pH. A alcalinidade é importante para os peixes e para a vida aquática porque protege ou amortece as rápidas mudanças de pH. Níveis mais elevados de alcalinidade nas águas superficiais irão amortecer a chuva ácida e outros resíduos ácidos e evitar alterações de pH que são prejudiciais para a vida aquática. O pH diminui quando a alcalinidade diminui e aumenta quando a alcalinidade aumenta. Isto significa que a concentração de alcalinidade acima dos limites admissíveis de 100 mg/L (USEPA, 2009) pode provocar um aumento drástico do pH que, por sua vez, aumenta a toxicidade e a disponibilidade de certos nutrientes, conduzindo, em certos casos, à eutrofização. Uma alcalinidade extremamente baixa, por outro lado, significa uma capacidade de tamponamento mais baixa, resultando em condições ácidas (pH mais baixo) que aumentam as concentrações de metais com consequências possivelmente nocivas, como a depressão das taxas metabólicas e das respostas imunitárias em alguns organismos. Isto também provoca a diminuição dos níveis de oxigénio, uma vez que mata as algas

Sólidos totais

Os sólidos totais são uma medida dos sólidos em suspensão e dissolvidos numa massa de água. Assim, está relacionado tanto com a condutividade como com a turvação. A concentração de TDS acima do limite admissível de 0,5 ppt (USEPA, 2009) pode causar eutrofização e os seus efeitos associados, como condições anóxicas. Concentrações elevadas de TSS acima dos limites admissíveis de 50 mg/L podem modificar a penetração da luz e sufocar os habitats bentónicos. À medida que as partículas de lodo, argila e outros materiais orgânicos se depositam no fundo, podem sufocar as larvas recém-eclodidas e preencher os espaços entre as rochas que poderiam ter sido utilizados pelos organismos aquáticos como habitat. O material particulado fino pode também obstruir ou danificar estruturas branquiais sensíveis, diminuir a sua resistência às doenças, impedir o desenvolvimento adequado dos ovos e das larvas e interferir potencialmente com as actividades de alimentação das partículas. Se a penetração da luz for significativamente reduzida, o crescimento das macrófitas pode diminuir, o que, por sua vez, afectaria os organismos que delas dependem para se alimentarem e se cobrirem. A redução da fotossíntese pode também resultar numa menor libertação diurna de oxigénio na água (Moore, 1989).

Carência bioquímica de oxigénio (CBO)

A Carência Bioquímica de Oxigénio, ou CBO, é a quantidade de oxigénio consumida pelas bactérias na decomposição de material orgânico. Inclui também o oxigénio necessário para a oxidação de vários produtos químicos na água, tais como sulfuretos, ferro ferroso e amoníaco. Enquanto um teste de oxigénio dissolvido indica a quantidade de oxigénio disponível, um teste de CBO indica a quantidade de oxigénio que está a ser consumida. O limite admissível de CBO é de 5 mg/L (USEPA, 2009). As concentrações de CBO entre 1,0 e 2,0 mg/L são consideradas limpas, 3,0 mg/L razoavelmente limpas, 5,0 mg/L duvidosas e 10,0 mg/L consideradas definitivamente más e poluídas (Vijayakumar *et al.,* 2014). Concentrações de CBO acima de 5 mg/L, portanto, representam um meio aquático com défice de oxigénio e os efeitos potenciais de impactos biológicos adversos e stress fisiológico.

Temperatura

A temperatura da água é um fator de controlo da vida aquática. Controla a taxa de actividades metabólicas, as actividades reprodutivas e, por conseguinte, os ciclos de vida. Se as temperaturas da lagoa aumentam, diminuem ou flutuam demasiado, as actividades metabólicas podem acelerar, abrandar, funcionar mal ou parar completamente (Murdoch *et al.,* 1991). A temperatura da água pode flutuar sazonalmente, diariamente e mesmo de hora a hora, especialmente em lagoas de menor dimensão, de tal forma que, acima da gama admissível de 1322° C, a temperatura reduz a concentração de oxigénio dissolvido numa massa de água, o que pode ser prejudicial para a sobrevivência dos organismos.

O oxigénio dissolve-se mais facilmente na água fria. A maioria dos organismos aquáticos são de sangue frio (poiquilotérmicos), pelo que temperaturas fora do seu intervalo tolerável podem causar a perda de vida no seu ponto de morte térmica. As temperaturas abaixo do intervalo admissível abrandam as actividades biológicas, causam mau funcionamento ou param completamente (Moore, 1989).

Condutividade e salinidade

A salinidade é uma medida da quantidade de sal na água. A salinidade tem uma influência crítica na biota aquática, e cada tipo de organismo tem uma gama de salinidade típica que pode tolerar. Além disso, a composição iónica da água pode ser crítica. Por exemplo, os cladóceros (pulgas de água) são muito mais sensíveis ao cloreto de potássio do que ao cloreto de sódio na mesma concentração (State Water Resources, 2010). A condutividade, por outro lado, é uma medida de quão bem a água pode passar uma corrente eléctrica. É uma medida indireta da presença de sólidos inorgânicos dissolvidos. Os iões dissolvidos aumentam a salinidade, bem como a condutividade, o que significa que as duas medidas estão relacionadas. Os sólidos inorgânicos dissolvidos são ingredientes essenciais para a vida aquática. Eles regulam o fluxo de água para dentro e para fora das células dos organismos e são os blocos de construção das moléculas necessárias à vida. Uma concentração elevada de sólidos dissolvidos que resulte em concentrações mais elevadas de salinidade e condutividade acima dos limites permitidos de 25 ppt e 2,5 mS/cm (USEPA, 2009), respetivamente, pode causar problemas de equilíbrio da água para os organismos aquáticos e diminuir os níveis de oxigénio dissolvido (Murdoch *et al.,* 1991).

pH

O pH é um importante fator químico limitante para a vida aquática. O pH é expresso numa escala que vai de 1 a 14. Uma solução com um pH inferior a 7 é considerada ácida. Uma solução com um valor de pH superior a 7 é considerada básica. Valores de pH fora do intervalo admissível de 6,5-8,5 (USEPA, 2009) podem ter um efeito deletério nos organismos aquáticos, como defeitos biológicos e stress fisiológico. O pH da água determina a solubilidade (a quantidade que pode ser dissolvida na água) e a disponibilidade biológica (a quantidade que pode ser utilizada pela vida aquática) de constituintes químicos como os nutrientes fósforo, azoto e carbono e metais pesados (chumbo, cobre, cádmio, etc.). Por exemplo, um pH acima do intervalo admissível faz com que pequenas quantidades de amoníaco atinjam um nível tóxico para os peixes. À medida que o pH desce abaixo do intervalo, a concentração de metais pode aumentar, porque uma acidez mais elevada aumenta a sua capacidade de serem dissolvidos dos sedimentos para a água (Murdoch *et al.,* 1991).

Oxigénio dissolvido (DO)

O oxigénio dissolvido são moléculas de gás oxigénio presentes na água. O oxigénio é produzido nos sistemas aquáticos através de actividades biológicas, como a fotossíntese, e reduzido através da respiração e da decomposição. Níveis consistentemente elevados de oxigénio dissolvido são os melhores para um ecossistema saudável. Abaixo dos limites permitidos de 5 mg/L (USEPA, 2009), o oxigénio dissolvido inadequado pode ser prejudicial para os organismos aeróbicos. Para além dos efeitos diretos nos organismos aeróbios, a anoxia pode levar a uma maior libertação de fósforo dos sedimentos, que pode alimentar a proliferação de algas quando misturado na zona eufótica superior (iluminada pelo sol). Também conduz à acumulação de compostos quimicamente reduzidos, como o amónio e o sulfureto de hidrogénio (H_2 S), que podem ser tóxicos para os organismos que vivem no fundo. Em casos extremos, a mistura súbita de H_2S na coluna de água superior pode causar a morte de peixes (Michaud, 1991). Os factores que afectam o oxigénio dissolvido nas lagoas incluem a adição de resíduos orgânicos que consomem oxigénio, como os esgotos, a adição de nutrientes, a alteração do fluxo de água, o aumento da temperatura da água e a adição de produtos químicos (Behar, 1997).

Potencial de redução do oxigénio (ORP)

O ORP é normalmente medido para determinar o potencial de oxidação ou redução de uma amostra de água e indica uma possível contaminação. O ORP pode ser valioso se o utilizador souber que um componente da amostra é o principal responsável pelo valor observado. Por exemplo, o excesso de cloro em efluentes de águas residuais resultará num grande valor positivo de ORP e a presença de sulfureto de hidrogénio resultará num grande valor negativo de ORP. O ORP mede a natureza oxidante ou redutora de uma amostra. Um valor positivo de ORP representa condições óxicas, enquanto que valores negativos representam condições anóxicas. Os metais nobres são utilizados em dispositivos ORP porque não entram na reação química que está a ter lugar (Pagliaro, 2004). Os valores de ORP abaixo do intervalo admissível para uma lagoa indicam condições anóxicas, ou seja, défices de oxigénio dissolvido, juntamente com os efeitos biológicos e fisiológicos associados.

CAPÍTULO TRÊS

MATERIAIS E MÉTODOS

Área de estudo

A investigação foi efectuada ao longo da costa oriental do Gana, especificamente ao longo das costas da Grande Acra e da Região de Volta. A região da Grande Acra é a mais pequena das dez regiões administrativas do Gana, ocupando uma superfície terrestre total de 3 245 quilómetros quadrados, ou seja, 1,4% da superfície terrestre total do Gana (Fobil e Atuguba, 2004). É a segunda região mais populosa, a seguir à região de Ashanti, com uma população de 2 905 726 habitantes em 2000, representando 15,4% da população total do Gana. A Região do Volta situa-se a leste da Grande Accra e do Lago Volta. A sua capital é Ho. A região cobre uma área de 20.570 quilómetros quadrados, representando 8,6% do território do Gana. Entre as latitudes 5° 45'N e 8°45'N, está geograficamente situada entre o Lago Volta, a oeste, e a leste, pela República do Togo, e a sul, pelo Oceano Atlântico. A Região abrange todas as zonas de vegetação do país, estendendo-se desde a costa atlântica no sul até ao norte.

Quatro lagoas costeiras situadas no leste da costa do Gana foram selecionadas para o estudo com base na sua importância e no impacto das actividades municipais, industriais ou agrícolas. As secções seguintes descrevem a localização geográfica, como mostra a Fig. 3.1, e a sua descrição geral.

Complexo da lagoa de Keta

O Complexo da Lagoa de Keta é o maior Sítio Ramsar do Gana, situado entre a Latitude 05° 58 46.0 "N e a Longitude 01° 01 02.4 E. A área total designada como Sítio Ramsar de Keta abrange cerca de 53 000 ha e inclui as águas abertas da Lagoa de Keta, as planícies de inundação circundantes e os mangais a leste do rio Volta. A lagoa é uma extensa massa de água salobra situada a leste do estuário do rio Volta. Embora seja considerada uma lagoa aberta, está efetivamente fechada durante a maior parte do ano. A área de águas abertas varia consoante a estação do ano, mas estima-se que seja de cerca de 30 000 ha, estendendo-se por cerca de 40 km ao longo da costa e estando separada do mar por uma estreita crista costeira. O afluxo de água doce à lagoa de Keta provém de três fontes principais: do rio Todzie, do escoamento dos cursos de água de Aka e Belikpa e, numa extensão limitada, do próprio rio Volta. A lagoa propriamente dita está rodeada por numerosas povoações e a planície de inundação circundante é constituída por pântanos, matagais e terrenos agrícolas, bem como por grandes extensões de mangais, que são fortemente explorados para a produção de lenha. A lagoa de Keta é a zona húmida mais importante da costa do Gana para as aves aquáticas e, juntamente com a lagoa de Songor, constitui o quarto sítio mais importante para as aves aquáticas na costa do Golfo da Guiné. O sítio suporta 76 espécies de aves aquáticas com uma população total estimada em mais de 100.000, incluindo números globalmente significativos de 21 espécies.

Lagoa Sakumo II

O sítio está situado ao lado da estrada costeira que liga as cidades de Accra e Tema e está delimitado entre a Latitude 05^0 36'50 "N e a Longitude 00^0 01'53 "W. O tamanho da lagoa aberta varia de 100 a 350 hectares, consoante a estação do ano. A lagoa está separada do mar por uma estreita duna de areia, sobre a qual está construída a estrada Accra-Tema, e está ligada ao mar por uma pequena comporta não funcional (permanentemente aberta), construída para evitar a inundação da estrada costeira. Grandes porções da lagoa secam na estação seca, dando origem a condições hipersalinas. A planície de inundação é periodicamente inundada e as zonas inundadas são em grande parte desprovidas de vegetação.

Existem também zonas de pântano de água doce e de pradaria de savana costeira, esta última composta principalmente por *Sesuvium portulacastrum* com várias associações de espécies de gramíneas. As actividades económicas ao longo da lagoa são a pesca, a agricultura, o desenvolvimento industrial e o lazer. Até agora foram registadas setenta espécies de aves aquáticas, com uma população total aproximada de cerca de 30.000. Com isto, ocorrem cerca de 30 espécies de peixes pertencentes a 13 géneros e 8 famílias. A tilápia-preta *(Sarotherodon melanotheron)* compreende cerca de 97% da população de peixes encontrada no local.

Lagoa Densu

A lagoa de Densu situa-se entre a Latitude 05° 30 22.9 N e a Longitude 00° 19 50.6 W. Tem uma altitude média que atinge os 500 pés ou 152 metros acima do nível do mar no seu ponto mais alto. O Sítio Ramsar do Delta do Densu está localizado a apenas 11 km a oeste de Accra e abrange mais de 5 893 hectares. O Sítio Ramsar do Delta do Densu é uma atração turística única na região da Grande Accra e no país como um todo. Oferece aos visitantes uma experiência inesquecível com a sua grande variedade de animais selvagens naturais e belas aves, que voam pelos céus sem fim. O sítio de ramsar é alimentado principalmente pelo rio Densu, que é represado a montante, em Weija, aquando da construção da barragem de Weija. As principais caraterísticas ecológicas incluem os principais habitats e tipos de vegetação, nomeadamente dunas de areia, lagoas, pântanos salgados e matagais, franjas de coqueiros e manchas dispersas de mangais com extensas áreas de águas abertas intercaladas com *Paspalum vaginatum.* As temperaturas gerais da zona são moderadas, atingindo 25 a 300° C, com uma precipitação média de 656,82 mm. A lagoa tem uma profundidade de água de 2 metros no seu ponto máximo e de 0 metros no seu ponto mínimo. O sítio contém uma coleção de espécies únicas, raras, ameaçadas, abundantes ou de alguma forma biogeograficamente importantes, tanto de plantas como de animais. A área suporta mais de 57 espécies de aves marinhas, com uma população estimada em cerca de 35 000, e 15 espécies de peixes pertencentes a 14 géneros e 9 famílias, sendo Tilapia zillii e *Sarotherodon melanotheron* as espécies de peixes predominantes.

Lagoa Mukwe

A área hidrográfica da lagoa Mukwe situa-se nas planícies de Accra, no Gana, e está compreendida entre as latitudes 05° 36 29.2 N e as longitudes 00° 03 23.0 W. Situa-se a cerca de 6 km a leste de Accra e tem uma superfície aproximada de 4 ha (Boughey, 1957). Os principais drenos da lagoa, que se crê terem origem nas montanhas Akwapim, passam por muitas comunidades residenciais, incluindo Nungua. A leste, a bacia hidrográfica da lagoa sobrepõe-se à da zona húmida de Sakumo. Não existe praticamente nenhum desenvolvimento industrial importante na zona. No entanto, as actividades industriais em pequena escala, incluindo o batik e o fabrico de "tie-and-dye", são algumas das actividades económicas desenvolvidas na zona de captação. A lagoa está rodeada em dois lados por estradas principais com elevado tráfego de veículos. Além disso, são geradas diariamente toneladas de resíduos sólidos provenientes de zonas residenciais e depositadas nos principais esgotos muito próximos da lagoa. Atualmente, a principal atividade económica no ambiente lagunar é a pesca, especialmente de caranguejos da lagoa .

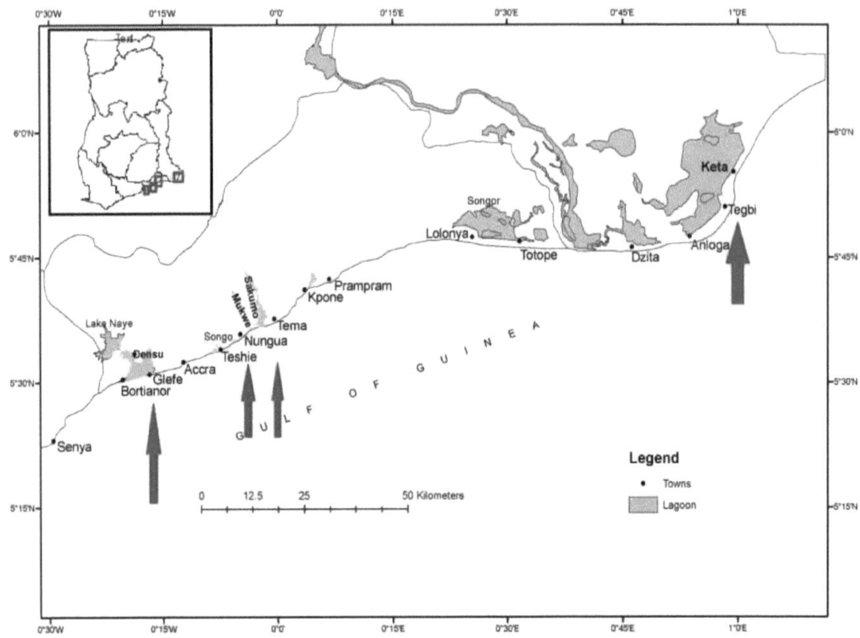

Fig. 3.1 Um mapa que mostra as várias lagoas selecionadas ao longo da costa oriental do Gana.

Métodos de campo (amostragem)

A amostragem foi efectuada numa base mensal de julho a dezembro de 2014. A posição de cada um dos pontos de amostragem foi registada com um GPS Garmin e-Trex. Seguindo as orientações da APHA (1998), foram efectuadas medições e análises de parâmetros físico-químicos, incluindo fosfato, alcalinidade, silicato, sulfato, amoníaco, nitrato, sólidos suspensos totais (SST), carência bioquímica de oxigénio (CBO), temperatura, condutividade, pH, salinidade, oxigénio dissolvido (OD), sólidos dissolvidos totais (SDT) e potencial de redução do oxigénio (PRO). A medição *in situ* da coluna de água (lagoas) incluiu a temperatura, o pH, a condutividade, os TDS, a salinidade, o ORP e o DO utilizando a HANNA HI 9828, uma sonda multiparâmetro. Para a análise de nutrientes, as garrafas de plástico de alta densidade pré-tratadas, equipadas com tampas de rosca, foram mergulhadas suavemente até pelo menos 20 cm abaixo da superfície da água e enchidas até à borda. As bocas das garrafas foram viradas para o fluxo de água em lagoas com correntes.

Estas garrafas foram mantidas a uma temperatura de 4° C numa arca de gelo e transportadas para o laboratório. As garrafas para a recolha de água para os testes de CBO e DO foram embrulhadas em sacos de polietileno preto para evitar a fotossíntese. Todas as garrafas foram rotuladas com informações como o local, a estação, a data e a hora da amostragem e o tipo de réplica, para garantir a correta comunicação dos resultados e ajudar a distinguir os tipos de amostras.

Métodos laboratoriais

A análise dos nutrientes no laboratório foi efectuada num período de 24 horas após a recolha das amostras, para evitar uma maior degeneração dos nutrientes pelas bactérias e pelo fitoplâncton. As amostras foram deixadas descongelar à temperatura ambiente e a análise foi feita utilizando o espetrofotómetro HACH DR2800, seguindo os procedimentos da APHA (1998). Durante o processo de análise de nutrientes, é necessário efetuar brancos analíticos, ou seja, branco de reagente e branco de célula.

Os brancos de reagentes foram efectuados tratando uma alíquota de água destilada como amostra e efectuando a análise completa. Na avaliação do branco de células, as células do espetrofotómetro foram enchidas com água destilada e a medição foi efectuada para determinar a diferença entre as células da amostra e as células de referência. Durante a medição e análise das amostras de água, houve o cuidado de não contaminar o material de vidro através da lavagem de garrafas, frascos, pipetas e outros instrumentos partilhados.

Determinação de fosfatos pelo método do ácido ascórbico

A análise dos fosfatos foi efectuada a um comprimento de onda de 880 nm. Foram medidos 10 ml de amostras para um tubo de reação. Adicionou-se uma almofada de fosfato em pó PhosVer3 ao conteúdo do tubo de reação, parou-se e agitou-se vigorosamente durante 30 segundos para uma dissolução completa. Foi também preparada uma amostra em branco da mesma forma, com água destilada. Tanto as amostras como os brancos foram tratados de acordo com os procedimentos da HACH (2005). O espetrofotómetro foi colocado em zero utilizando a amostra em branco, após o que as amostras reais foram transferidas para a cuvete e medidas.

Determinação de nitratos com cádmio

A análise do nitrato foi efectuada a um comprimento de onda de 500 nm. Foram medidos 10 ml das amostras para um tubo de reação. Adicionou-se uma almofada de reagente em pó NitrateVer5 ao conteúdo do frasco de reação, parou e agitou vigorosamente durante 30 segundos para uma dissolução completa. Foi também preparada uma amostra em branco da mesma forma, com água destilada. Tanto as amostras como os brancos foram tratados de acordo com os procedimentos da HACH (2005). O espetrofotómetro foi colocado em zero utilizando a amostra em branco, após o que as amostras reais foram transferidas para a cuvete e medidas.

Determinação do amoníaco com salicilato

A análise do amoníaco foi efectuada a um comprimento de onda de 655 nm, utilizando o HACH 385N, Ammonia Salic Test. Mediu-se uma alíquota (10 ml) das amostras para um tubo de reação e diluiu-se com água destilada. Adicionou-se o pó de salicilato de amoníaco às amostras, incluindo o branco. Introduziram-se as respectivas rolhas e agitou-se vigorosamente até à dissolução completa. Deixou-se que ocorresse uma reação de três minutos nos frascos. Quando o tempo expirou, adicionou-se a almofada em pó para o reagente cianurato de amoníaco às amostras e deixou-se dissolver completamente. Permitiu-se que ocorresse uma reação de cinco minutos, durante a qual se observou uma coloração verde. As amostras e os ensaios em branco foram tratados de acordo com os procedimentos da HACH (2005). O espetrofotómetro foi colocado em zero utilizando a amostra em branco, após o que as amostras reais foram transferidas para a cuvete e medidas. Os factores de diluição adequados foram incorporados no programa do espetrofotómetro para obter as leituras finais das concentrações de amoníaco.

Determinação de sulfatos

A análise de sulfatos foi efectuada a um comprimento de onda de 750 nm, utilizando o teste de sulfato HACH 680. Uma alíquota (10 ml) das amostras foi medida num tubo de reação e diluída com água destilada. Adicionou-se um comprimido de SulferVer4 Reagent Powder ao conteúdo do frasco de reação, parou-se e agitou-se vigorosamente durante 30 segundos para uma dissolução completa. Foi preparada uma amostra em branco da mesma forma, utilizando água destilada. Tanto as amostras como os brancos foram tratados de acordo com os procedimentos da HACH (2005). O espetrofotómetro foi colocado em zero utilizando a amostra em branco, após o que as amostras reais foram transferidas para a cuvete e medidas. Os factores de diluição adequados foram incorporados no programa do espetrofotómetro para obter as leituras finais das concentrações de amoníaco.

Determinação da alcalinidade

As medições de alcalinidade baseiam-se na titulação de uma amostra de água para um pH designado, utilizando ácido sulfúrico diluído (0,1 N ou 0,02 N H_2SO_4) como titulante e um medidor de pH para medir o pH. Um mL de 0,1 N H_2SO_4 é equivalente a 5 mg de $CaCO_3$, e 1 mL de 0,02 N H_2SO_4 é equivalente a 1,00 mg de CaCO3. A quantidade de alcalinidade devida a hidróxidos, carbonatos e bicarbonatos pode ser determinada medindo a alcalinidade da fenolftaleína e a alcalinidade total. A alcalinidade da fenolftaleína é medida por titulação a pH 8,3. O ponto final da alcalinidade total varia consoante a gama de alcalinidade suspeita e a presença suspeita de silicatos e fosfatos. Para valores de alcalinidade até 30 mg/L como $CaCO_3$, recomenda-se um ponto final de pH de 4,9 (APHA *et al.,* 1998). Para alcalinidades de 30 a 150 e de 150 a 500 mg/L de $CaCO_3$, recomenda-se valores limite de 4,6 e 4,3, respetivamente (APHA *et al.,* 1998). Recomenda-se um valor-limite de pH de 4,5 se houver suspeita ou conhecimento da presença de silicatos e/ou fosfatos (APHA *et al.,* 1998).

Determinação de silicatos

A análise dos silicatos foi efectuada a um comprimento de onda de 452 nm utilizando o teste HACH 656 Silica HR. Foram medidos 10 ml das amostras numa célula de amostragem. Adicionou-se uma almofada de reagente de molibdato em pó ao conteúdo da célula de amostra e agitou-se até à dissolução completa. Adicionou-se uma almofada de pó de reagente ácido ao conteúdo da célula de amostra e deixou-se passar um período de reação de 10 minutos. Adicionou-se uma almofada de ácido cítrico em pó à célula de amostragem e agitou-se para misturar. Qualquer cor amarela devida ao fósforo é removida nesta fase. Foi preparada uma amostra em branco da mesma forma, utilizando água destilada. Tanto as amostras como os brancos foram tratados de acordo com os procedimentos da HACH (2005). O espetrofotómetro foi colocado em zero utilizando a amostra em branco, após o que as amostras reais foram transferidas para a cuvete e medidas.

Determinação da carência bioquímica de oxigénio (CBO)

Para obter a CBO das lagoas selecionadas, a água foi recolhida para uma garrafa de plástico limpa e opaca, que foi mantida sobre gelo durante a transferência para o laboratório para análise. A amostra foi então retirada da arca de gelo e deixada descongelar à temperatura ambiente. A água de diluição é vertida para um grande recipiente de vidro e arejada, inclinando suavemente o recipiente até que o teor de oxigénio dissolvido (medido com um oxímetro) atinja 8 mg/L. Deixou-se equilibrar durante pelo menos uma hora e depois adicionou-se um volume de água de inoculação por cada 100 volumes de água de diluição. O pH das amostras de água deve ser de 6,5 e 7,5, caso contrário foi ajustado com H2SO4 ou NaOH diluídos, sem aumentar o volume de água em mais de 0,5%. Um volume conhecido de amostra de água foi vertido num balão volumétrico de 1 L e cheio até à marca com água de diluição da inoculação. Dependendo da principal fonte de poluição identificada, foram efectuadas várias diluições para o ensaio de CBO. O teor de oxigénio dissolvido (DO) (pelo método de Winkler) foi medido imediatamente após a diluição. As garrafas de CBO foram enchidas com a amostra de água, sem criar bolhas de ar, até que esta se derramasse e se fechasse hermeticamente. Simultaneamente, uma garrafa de CBO com água de diluição foi inoculada com uma estirpe de microrganismo (para o branco ou controlo) e outra garrafa de CBO foi enchida com uma solução de ácido glucoso a 2% na água de diluição inoculada. As garrafas de CBO foram então incubadas a 20° C no escuro. Após cinco dias, o DO foi medido para cada diluição, o controlo e a solução de ácido glucose-glutâmico, seguindo o método de Winkler. Em seguida, foi utilizada uma equação para obter o CBO após cinco dias.

Determinação dos sólidos suspensos totais (SST)

A análise dos sólidos suspensos totais foi efectuada a um comprimento de onda de 810 nm utilizando o teste de sólidos suspensos HACH 630. As amostras nos recipientes de plástico de alta densidade foram agitadas vigorosamente, após o que 10 ml foram imediatamente transferidos para uma célula de amostra. Foi preparado um branco de 10 ml com água desionizada. Tanto as amostras como os brancos foram tratados de acordo com os procedimentos da HACH (2005). O espetrofotómetro foi colocado em zero utilizando a amostra em branco, após o que as amostras reais foram transferidas para a cuvete e medidas.

Análise de dados

Os gráficos de barras que mostram a variação dos valores médios foram utilizados para representar as medições das análises *in situ* e laboratoriais das amostras, utilizando o Microsoft Office Excel 2010. A folha de cálculo do Microsoft Office Excel 2010 foi utilizada para organizar os dados em tabelas a partir das quais foram gerados gráficos como representação pictórica dos dados com base nos valores obtidos para as estações húmidas (julho a setembro) e secas (outubro a dezembro). O Microcal Origin versão 6.0, uma ferramenta estatística, foi utilizado para efetuar uma Análise de Variância (ANOVA) unidirecional dos parâmetros físico-químicos nas quatro lagoas. Foi desenvolvido um Índice de Qualidade da Água (IQA) com base nos cálculos e opiniões de peritos de Ramakrishnaiah *et al.* (2009).

Garantia de qualidade

O conceito relativamente moderno de garantia da qualidade pode ser definido como o conjunto de procedimentos destinados a assegurar um nível desejado de qualidade num serviço ou produto. Tudo o que um processo de garantia pode fazer é procurar assegurar que a investigação seja corretamente conduzida e que os seus resultados sejam comunicados com exatidão, com base nas melhores técnicas, conhecimentos e compreensão atualmente disponíveis (Gray, 2010). Algumas das medidas adoptadas para garantir a qualidade dos resultados foram as seguintes

1. Os frascos de amostragem foram mantidos a uma temperatura de 4° C num recipiente com gelo
   e transportadas para o laboratório. As garrafas para a recolha de água para os testes de CBO e DO foram embrulhadas em sacos de polietileno pretos.

2. Os instrumentos foram calibrados utilizando padrões e espaços em branco preparados durante a análise das amostras utilizando o espetrofotómetro.

3. Foram efectuadas réplicas para cada amostra.

4. Todas as garrafas de amostragem foram rotuladas com informações como o local, a estação, a data e a hora da amostragem e o tipo de réplica.

5. As amostras foram deixadas descongelar à temperatura ambiente e a análise dos nutrientes no laboratório foi efectuada num período de 24 horas após a recolha das amostras.

Avaliação da norma de qualidade da água a partir do índice de qualidade da água (WQI)

Foi desenvolvido um índice de qualidade da água para as quatro lagoas selecionadas, utilizando os parâmetros físico-químicos correspondentes, tal como descrito por Ramakrishnaiah *et al.* (2009) e a fim de determinar o seu nível de qualidade. Os valores médios de sete parâmetros de qualidade da água, nomeadamente, pH, oxigénio dissolvido, condutividade, nitrato, amónio, alcalinidade e carência bioquímica de oxigénio (CBO) foram utilizados nas quatro lagoas investigadas em comparação com as normas da Agência de Proteção Ambiental dos Estados Unidos (USEPA, 2009).

O cálculo e a formulação do IQA envolveram as seguintes etapas:

1. Na primeira etapa, foi atribuído a cada um dos sete parâmetros um peso (AW_i) que varia de 1 a 4, de acordo com as opiniões de peritos de Ramakrishnaiah *et al.* (2009). Um peso relativo de 1 foi considerado como o menos significativo e 4 como o mais significativo.
2. Na segunda etapa, o peso relativo (PR) foi calculado utilizando a seguinte equação, de acordo com Ramakrishnaiah *et al.* (2009):

$$RW = \frac{AWi}{\sum_{i=1}^{n}(AWi)} \quad \ldots\ldots\ldots\ldots \quad (1)$$

em que, RW = o peso relativo, AW = o peso atribuído a cada parâmetro, n = o número de parâmetros.

3. Na terceira etapa, foi atribuída uma escala de classificação da qualidade (Qi) para todos os parâmetros, exceto o pH e o OD, de acordo com Ramakrishnaiah *et al.* (2009), dividindo a sua concentração em cada amostra de água pelo respetivo padrão, de acordo com as diretrizes para águas superficiais recomendadas pela USEPA. O resultado foi depois multiplicado por 100.

$$Q_i = \frac{Ci}{Si} * 100 \quad \text{.....} \quad (2)$$

4. A classificação da qualidade do pH ou do DO (QpH, DO) foi calculada com base em

$$Q_{pH,\,DO} = \frac{(Ci-Vi)}{(Si-Vi)} * 100 \quad \text{.....} \quad (3)$$

em que, Qi = classificação da qualidade, ci = valor do parâmetro de qualidade da água obtido a partir da análise laboratorial, si = valor do parâmetro de qualidade da água obtido a partir das recomendações da USEPA, Vi = valor ideal que é considerado como 7,0 para o pH e 14,6 para o OD.

As equações (2) e (3) asseguram que Qi = 0 quando um poluente está totalmente ausente na amostra de água e Qi = 100 quando o valor deste parâmetro é apenas igual ao seu valor admissível. Assim, quanto mais elevado for o valor de Qi, mais poluída é a água (Mohanty, 2004).

5. Por último, para calcular o índice de qualidade da água, os subíndices (SI,) foram primeiro calculados para cada parâmetro de acordo com Ramakrishnaiah *et al.* (2009), sendo depois utilizados para calcular o índice de qualidade da água, de acordo com as seguintes equações:

$$SI_i = RW \times Q_i \quad \text{.....} \quad (4)$$

$$WQI = {}^{n}\Sigma_{i=1} SI_i \quad \text{.....} \quad (5)$$

Os valores calculados do WQI foram classificados como <50 = Excelente; 50-100 = Bom; 100-200 = Pobre; 200-300 = Muito pobre; >300 = Inadequado (Ramakrishnaiah *et al.,*2009).

CAPÍTULO QUATRO

RESULTADOS

Os dados obtidos para todos os parâmetros físico-químicos de julho a dezembro nas quatro lagoas selecionadas foram organizados em gráficos de barras, de tal forma que os valores médios de julho a setembro foram considerados como os valores da estação húmida e os valores de outubro a dezembro foram considerados como os valores da estação seca (para cada local).

pH

Os valores de pH obtidos para as quatro lagoas durante o período do estudo são apresentados na figura 4.1. Os valores de pH obtidos no estudo mostraram variações significativas (ANOVA, $p<0.05$) durante a estação seca e nenhuma variação significativa (ANOVA, $p>0.05$) durante a estação húmida, variando entre 7.44 e 8.43 em todas as lagoas. O valor médio sazonal mais elevado registado na lagoa de Keta foi de 8,32 durante a estação seca e o valor mais baixo de 7,90 registado na lagoa de Mukwe, tanto na estação seca como na estação húmida.

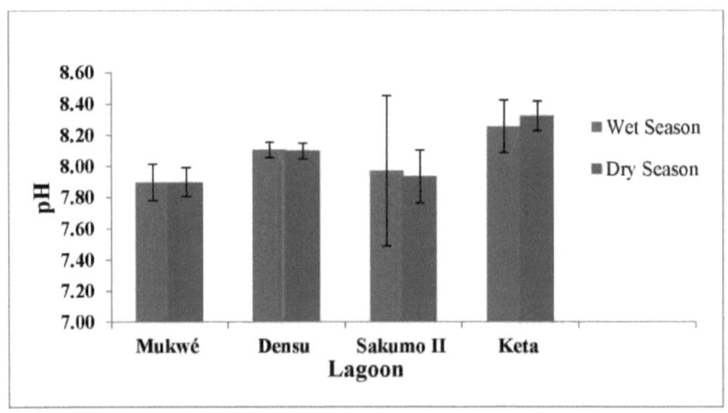

Fig. 4.1 Valores sazonais de pH das lagoas costeiras orientais selecionadas do Gana com barras de erro

Temperatura

A variação de temperatura nas lagoas selecionadas é mostrada na figura 4.2 com valores que variam entre 25.41 e 32.63° C. As flutuações de temperatura não variaram significativamente (ANOVA, $p>0.05$) entre as lagoas, com os valores médios sazonais mais elevados registados na lagoa de Keta como 30.20° C durante a estação seca e os menos registados na lagoa de Densu como 26.55° C durante a estação húmida.

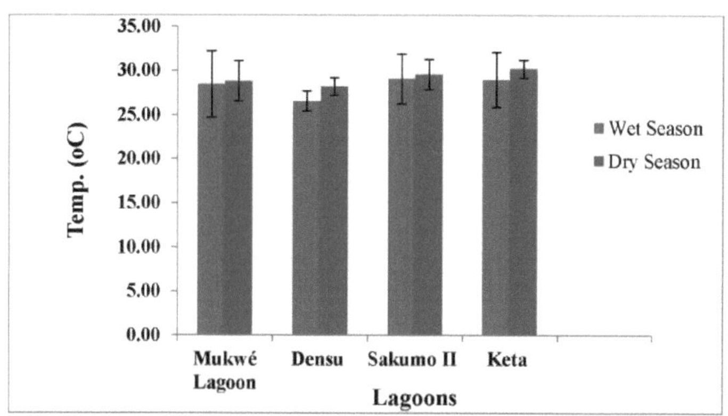

Fig. 4.2 Valores sazonais de temperatura das lagoas costeiras orientais selecionadas do Gana com barras de erro

Oxigénio dissolvido

Os valores de Oxigénio Dissolvido (DO) obtidos para as quatro lagoas durante o período do presente estudo são mostrados na figura 4.3. Os valores da concentração de OD obtidos no estudo mostraram variações significativas (ANOVA, $p<0,05$) entre os locais, variando de 0,66 mg/L a 7,13 mg/L, com o valor sazonal médio mais elevado registado na lagoa de Keta de 5,80 mg/L durante a estação seca e o valor mais baixo de 1,19 mg/L registado na lagoa de Mukwe durante a estação húmida.

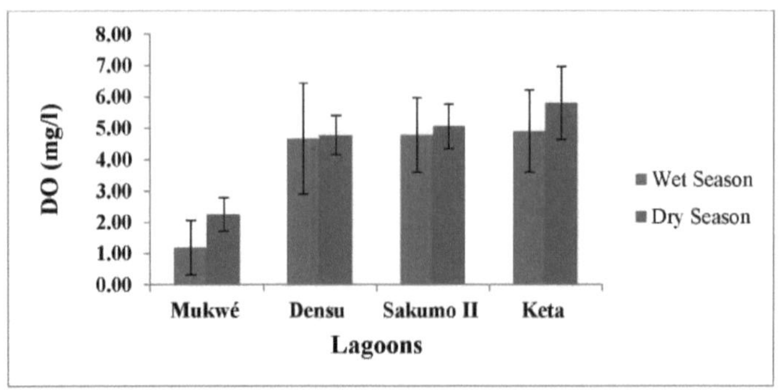

Fig. 4.3 Valores sazonais de DO das lagoas costeiras orientais selecionadas do Gana com barras de erro

Condutividade

A variação da condutividade nas lagoas selecionadas é mostrada na figura 4.4 com valores que variam de 2,48 mS/cm a 65,13 mS/cm. Os valores médios sazonais para a condutividade variaram significativamente (ANOVA, $p<0.05$) entre as lagoas, sendo os valores médios sazonais mais elevados registados na lagoa Keta de 57.35 mS/cm na estação das chuvas e os menos registados na lagoa Sakumo II de 3.78 mS/cm na estação das chuvas.

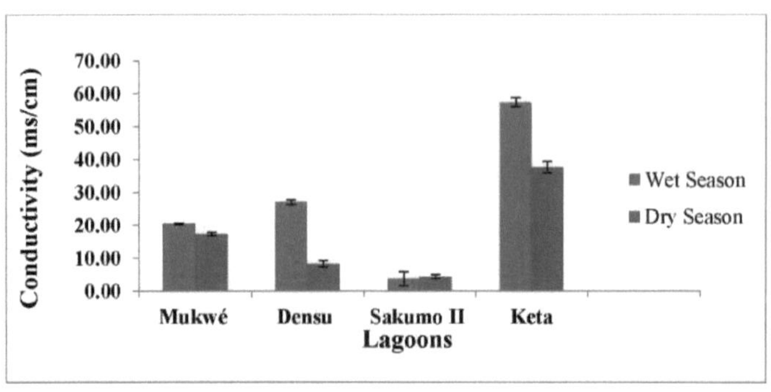

Fig. 4.4 Valores de Condutividade Sazonal das Lagoas Costeiras Orientais Selecionadas do Gana com Barras de Erro

Salinidade

Os valores de salinidade obtidos para as quatro lagoas durante o período do presente estudo são apresentados na figura 4.5. Os valores de salinidade obtidos a partir do estudo mostraram variações significativas (ANOVA, $p<0.05$) variando de 1.15 ppt a 44.22 ppt entre as lagoas, com o valor médio sazonal mais alto registado para as lagoas Sakumo II e Keta como 37.47 ppt durante a estação húmida e o valor mais baixo de 1.98 ppt registado para a lagoa Sakumo durante a estação húmida.

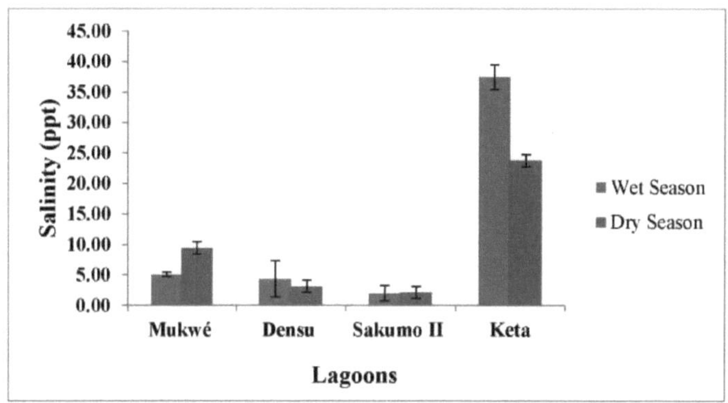

Fig. 4.5 Valores de salinidade sazonal das lagoas costeiras orientais selecionadas do Gana com barras de erro

Sólidos totais dissolvidos (TDS)

A variação do Total de Sólidos Dissolvidos (TDS) nas lagoas selecionadas é mostrada na figura 4.6 com valores que variam de 1.25 ppt a 32.57 ppt. As flutuações no TDS variaram significativamente (ANOVA, $p<0.05$) entre as lagoas com os valores médios sazonais mais elevados registados na lagoa Keta como 28.30 ppt durante a estação húmida e os menos registados na lagoa Sakumo II como 1.90 ppt durante a estação húmida.

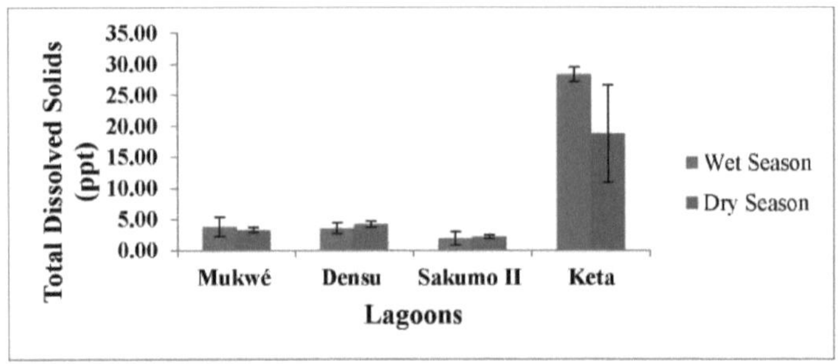

Fig. 4.6 Valores sazonais de TDS das lagoas costeiras orientais selecionadas do Gana com barras de erro

Potencial de redução do oxigénio (ORP)

Os valores de ORP obtidos para as quatro lagoas durante o período do estudo são apresentados na figura 4.7. Os valores de ORP obtidos no estudo mostraram variações significativas entre -379,23 mV e 84,00 mV. Os valores obtidos não variaram significativamente (ANOVA, p>0,05) na estação seca, mas variaram (ANOVA, p<0,05) durante a estação húmida em todas as lagoas, com o valor médio sazonal mais elevado registado na lagoa Densu de 30,09 mV durante a estação seca e o valor mais baixo de -117,74 mV registado na lagoa Mukwe durante a estação húmida.

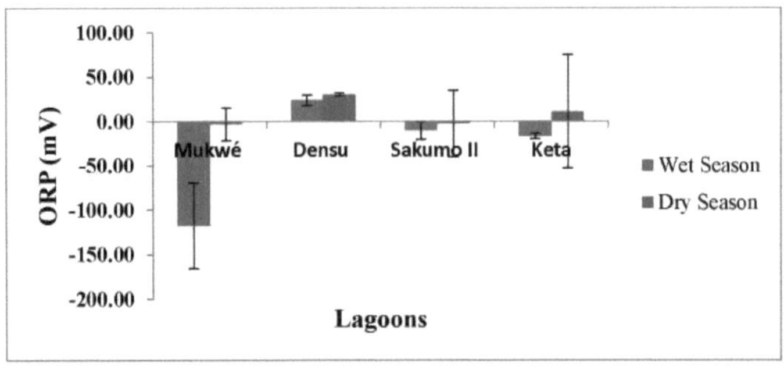

Fig. 4.7 Valores sazonais de ORP das lagoas costeiras orientais selecionadas de Gana com barras de erro

Sólidos Suspensos Totais (SST)

A variação do Total de Sólidos Suspensos (TSS) nas lagoas selecionadas é mostrada na figura 4.8 com valores que variam de 9.00 mg/L a 67.00 mg/L. As flutuações nos SST variaram significativamente (ANOVA, $p<0,05$) entre as lagoas, com os valores médios sazonais mais elevados registados na lagoa Mukwe como 65,22 mg/L durante a estação húmida e os menos registados na lagoa Densu como 11,11 mg/L durante a estação seca.

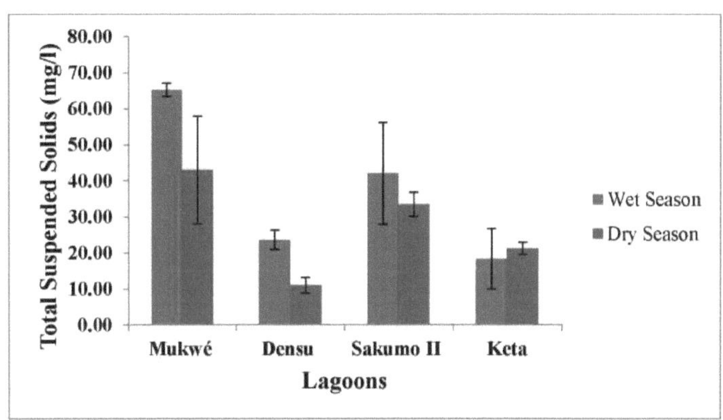

Fig. 4.8 Valores sazonais de TSS das lagoas costeiras orientais selecionadas do Gana com barras de erro

Carência bioquímica de oxigénio (CBO)

Os valores de CBO obtidos para as quatro lagoas durante o período do presente estudo são apresentados na figura 4.9. Os valores de CBO obtidos no estudo mostraram variações significativas (ANOVA, $p<0,05$) entre as lagoas, variando entre 0,57 mg/L e 4,25 mg/L, com o valor médio sazonal mais elevado registado na lagoa Sakumo II de 3,31 mg/L durante a estação das chuvas e o valor mais baixo de 1,57 mg/L registado na lagoa Mukwe durante a estação das chuvas.

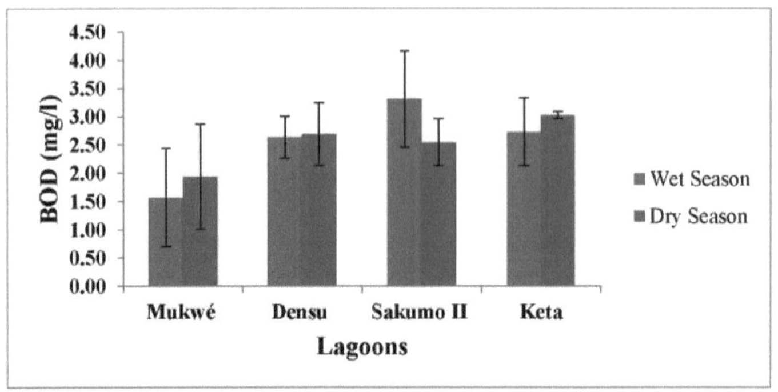

Fig. 4.9 Valores sazonais de CBO das lagoas costeiras orientais selecionadas do Gana selecionadas com barras de erro

Alcalinidade

A variação da alcalinidade nas lagoas selecionadas é mostrada na figura 4.10 com valores que variam de 59.67 mg/L a 224.33 mg/L. Os valores obtidos para a alcalinidade variaram significativamente (ANOVA, $p<0,05$) entre as lagoas, com os valores médios sazonais mais elevados registados na lagoa Mukwe como 181,55 mg/L durante a estação húmida e os menos registados na lagoa Keta como 59,89 mg/L durante a estação seca.

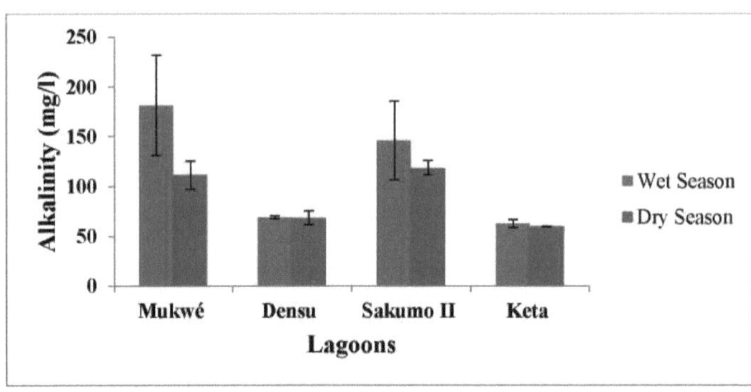

Fig. 4.10 Valores de alcalinidade sazonal das lagoas costeiras orientais selecionadas do Gana com barras de erro

Amoníaco

Os valores de amoníaco obtidos para as quatro lagoas durante o período do presente estudo são apresentados na figura 4.11. Os valores de amoníaco obtidos no estudo mostraram variações significativas (ANOVA, $p<0,05$) entre as lagoas, variando entre 0,05 mg/L e 33,34 mg/L, com o valor médio sazonal mais elevado registado na lagoa Mukwe de 30,19 mg/L durante a estação húmida e o valor mais baixo de 0,06 mg/L registado na lagoa Keta durante a estação seca.

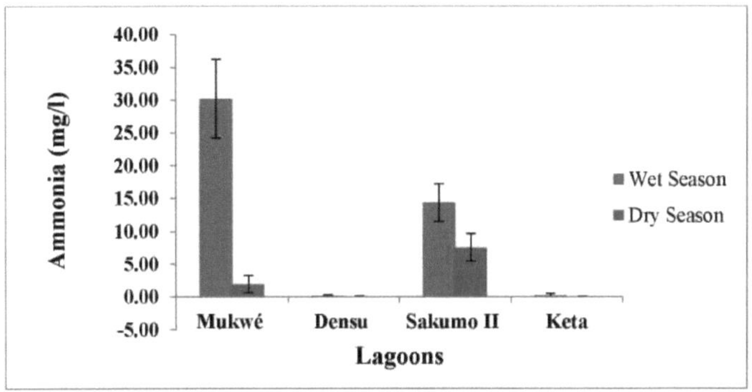

Fig. 4.11 Valores sazonais de amoníaco das lagoas costeiras orientais selecionadas do Gana com barras de erro

Silicato

A variação da concentração de silicato nas lagoas selecionadas é mostrada na figura 4.12 com valores que variam entre 1,00 mg/L e 64,03 mg/L. Os valores obtidos para o silicato não variaram significativamente (ANOVA, $p>0.05$) durante a estação húmida mas variaram (ANOVA, $p<0.05$) durante a estação seca. O valor sazonal médio mais elevado foi registado na lagoa Mukwe como 22,74 mg/L durante a estação húmida e o menos registado na lagoa Mukwe como 4,24 mg/L durante a estação seca.

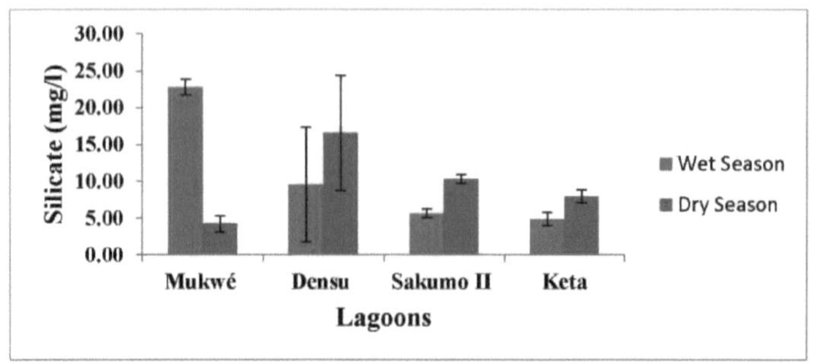

Fig. 4.12 Valores sazonais de silicato das lagoas costeiras orientais selecionadas do Gana com barras de erro

Sulfato

Os valores de sulfato obtidos para as quatro lagoas durante o período do presente estudo são apresentados na figura 4.13. Os valores de sulfato obtidos no estudo mostraram variações significativas (ANOVA, $p<0.05$) entre as lagoas, variando entre 6.00 mg/L e 2615.00 mg/L, com o valor médio sazonal mais elevado registado na lagoa de Keta como 2468.58 mg/L durante a estação húmida e o valor mais baixo de 97.89 mg/L registado na lagoa de Sakumo II durante a estação húmida.

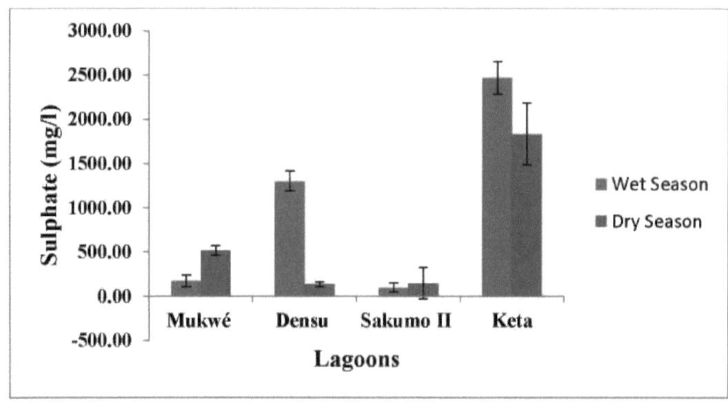

Fig. 4.13 Valores sazonais de sulfato das lagoas costeiras orientais selecionadas do Gana com barras de erro

Nitrato

A variação da concentração de nitrato nas lagoas selecionadas é mostrada na figura 4.14 com valores que variam entre 0,63 mg/L e 10,97 mg/L. Os valores obtidos para as concentrações de nitrato não variaram significativamente (ANOVA, $p>0.05$) na estação seca, mas variaram na estação húmida. O valor médio sazonal mais elevado foi registado na lagoa Mukwe com 7,10 mg/L durante a estação húmida e o menos registado na lagoa Keta com 1,13 mg/L durante a estação seca.

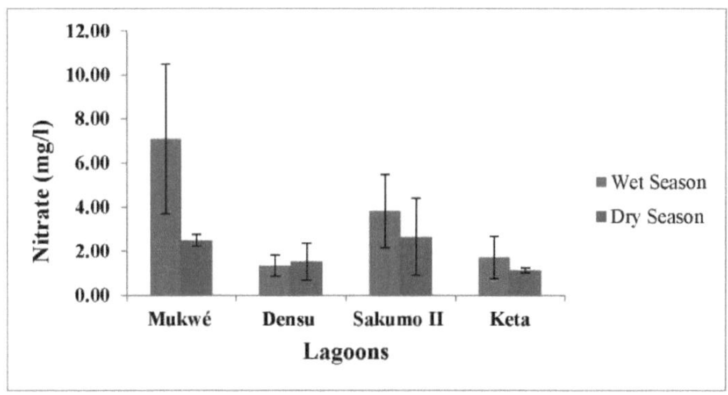

Fig. 4.14 Valores sazonais de nitrato das lagoas costeiras orientais selecionadas do Gana com barras de erro

Fosfato

Os valores de fosfato obtidos para as quatro lagoas durante o período do presente estudo são mostrados na figura 4.15. Os valores de fosfato obtidos no estudo mostraram variações significativas (ANOVA, $p<0.05$) entre as lagoas, variando de 0.19 mg/L a 6.87 mg/L, com o valor médio sazonal mais elevado registado na lagoa Mukwe de 5.60 mg/L durante a estação húmida e o valor mais baixo de 0.26 mg/L registado na lagoa Keta durante a estação seca.

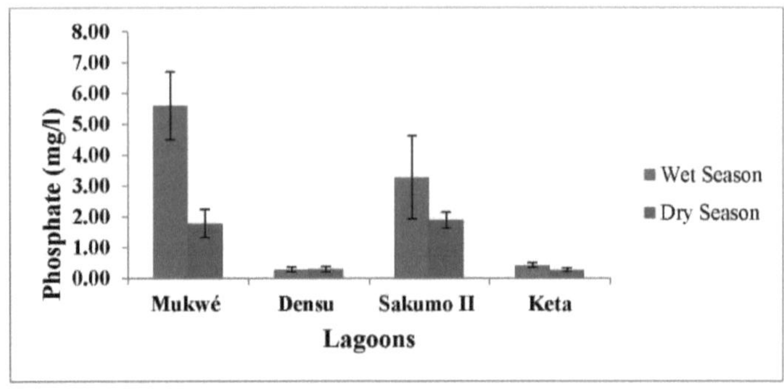

Fig. 4.15 Valores sazonais de fosfato das lagoas costeiras orientais selecionadas do Gana com barras de erro

Índice de Qualidade da Água (IQA)

O Índice de Qualidade da Água (WQI) derivado para as várias lagoas indicou altos níveis de poluição com a lagoa Mukwe registando o índice mais alto como 319.77, seguido pela lagoa Keta, lagoa Sakumo II e lagoa Densu numa ordem decrescente com valores de 302.13, 246.32 e 152.79 respetivamente como mostrado na figura 4.16. Os valores médios dos parâmetros utilizados no cálculo do IQA são apresentados na tabela 4.1 em comparação com as normas da USEPA e da OMS.

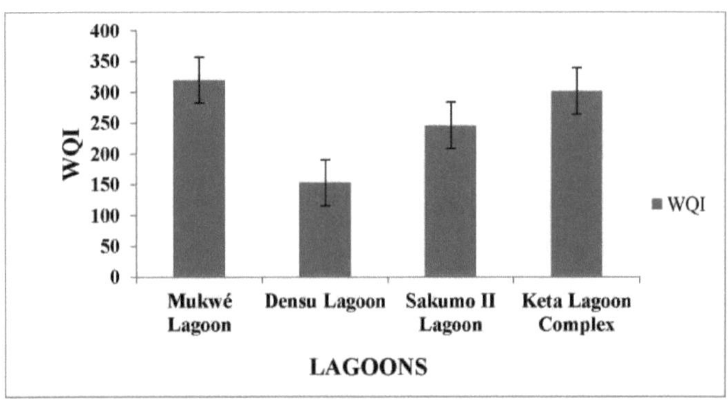

Fig. 4.16 Índices de qualidade da água das lagoas costeiras orientais selecionadas do Gana com barras de erro

CAPÍTULO CINCO

DISCUSSÃO

O valor médio sazonal mais elevado de pH foi registado na lagoa de Keta durante a estação seca e o valor mais baixo foi registado na lagoa de Mukwe, tanto na estação seca como na estação húmida. Os factores que podem ter contribuído para os valores de pH obtidos são a disponibilidade de bactérias e plantas, ácidos orgânicos, processos biológicos (fotossíntese, decomposição e respiração), processos físicos (turbulência e aeração), a capacidade de amortecimento das lagoas e a proximidade e influência do oceano aberto. Todos os valores de pH se situam dentro do intervalo admissível de 6,5 a 8,5 (USEPA, 2009), fora do qual a diversidade pode ser reduzida devido ao stress fisiológico e a defeitos de reprodução dos organismos devido a défices de oxigénio (eutrofização) causados pelo aumento da disponibilidade de certos nutrientes quando o pH é elevado. Quando o pH é baixo, cria condições tóxicas para o meio aquático devido à maior disponibilidade de elementos tóxicos, nomeadamente nas lagoas.

Para a temperatura, o valor sazonal médio mais elevado foi registado na lagoa de Keta durante a estação seca e o menos registado na lagoa de Densu durante a estação húmida. Todos os valores estão fora do intervalo admissível de 13° C a 22° C (USEPA, 2009). Os valores mais elevados de temperatura registados nos meses secos eram esperados devido ao aumento da temperatura atmosférica que é transferida para as lagoas e à redução dos níveis de água devido ao aumento da evaporação durante a estação seca. A descida da temperatura da água nos meses da estação húmida, por outro lado, deveu-se à forte precipitação e à grande entrada de água doce da terra registada durante o período. A temperatura influencia o TDS, a condutividade e a salinidade de tal forma que o aumento da temperatura provoca um aumento destes parâmetros devido ao aumento das taxas de evaporação. Isto é confirmado pelos valores mais elevados obtidos para TDS, condutividade e salinidade, todos em Keta, que registou a temperatura mais elevada. A temperatura influencia a concentração de oxigénio dissolvido e muitos outros factores físicos e biológicos nas massas de água. Também controla a reprodução, diversidade, migração e caraterísticas comportamentais de animais e plantas (Vijayakumar *et al.,* 2014).

A maior concentração média sazonal de oxigénio dissolvido foi registada na lagoa de Keta durante a estação seca e o menor valor registado na lagoa de Mukwe durante a estação húmida. O oxigénio dissolvido é um constituinte importante das massas de água e a sua concentração na água é um indicador da qualidade da água prevalecente e da capacidade da massa de água para suportar um ecossistema bem equilibrado (Vijayakumar *et al.*, 2014). Todos os valores de DO, exceto os da lagoa Keta e da lagoa Sakumo II (estação seca), caíram abaixo do limite da USEPA de 5 mg/L, indicando condições de hipoxia nessas lagoas. Os possíveis factores que levaram à redução dos níveis de OD incluem o escoamento de estradas, esgotos, descargas agrícolas, domésticas e poluição industrial, que levaram à eutrofização devido à superabundância de nutrientes e a um défice de oxigénio devido à decomposição da matéria orgânica. A influência do aumento da temperatura, que teria resultado na redução do OD, não se reflectiu em todos os locais devido à grande influência antropogénica, particularmente na lagoa Mukwe, que é caracterizada por uma população humana densa e níveis mais elevados de poluição orgânica e de nutrientes, registando assim o menor OD, apesar do seu valor de temperatura elevado.

O valor médio sazonal mais elevado de condutividade foi registado na lagoa de Keta e o menos registado na lagoa de Sakumo II, ambos na estação húmida, tendo todos excedido o limite admissível de 2,5 mS/cm (USEPA, 2009). A condutividade está diretamente relacionada com a concentração de iões na água. Quanto mais iões estiverem presentes, mais elevada é a condutividade da água e o inverso acontece quando os iões estão em menor quantidade. A condutividade eléctrica da água é uma função direta do total de sais dissolvidos, da temperatura e da salinidade. O mar é obviamente abundante em iões devido aos seus sais dissolvidos, tornando a sua interação com as lagoas muito vital. A lagoa de Keta registou a condutividade mais elevada devido à sua proximidade e a uma grande abertura para o oceano, enquanto que a lagoa de Sakumo II registou a menor devido à sua pequena abertura para o mar através de uma comporta permanentemente aberta (não funcional) que reduz relativamente os iões que entram na lagoa.

A concentração média sazonal de salinidade mais elevada foi registada nas lagoas de Keta durante a estação húmida e o valor mais baixo foi registado na lagoa de Sakumo durante a estação húmida. Todos os valores obtidos, exceto o da lagoa de Keta (estação húmida), estão dentro dos limites permitidos de 25 ppt. A salinidade, em termos básicos, refere-se à concentração total de todos os sais dissolvidos na água. Como tal, a salinidade é um forte contribuinte para a condutividade. Os factores que podem ter influenciado a salinidade incluem a precipitação local, a taxa de evaporação, o fluxo do rio, o nível das águas subterrâneas, os ventos, as correntes, etc. A lagoa de Keta registou as temperaturas mais elevadas, o que produziu os valores de salinidade mais elevados devido a taxas de evaporação mais elevadas, com uma probabilidade de entrada de água doce relativamente baixa a partir da terra e da precipitação, uma condição que foi o inverso para as lagoas de Mukwe e Densu.

Para os valores obtidos para os Sólidos Dissolvidos Totais (TDS) e Sólidos Suspensos Totais (TSS) nas lagoas selecionadas, todos os valores de TSS estavam abaixo dos limites permitidos de 50 mg/L (USEPA) exceto para a lagoa Mukwe (estação húmida) e os de TDS estavam todos acima dos limites permitidos de 0.5ppt (USEPA). Os valores sazonais médios mais elevados foram registados na lagoa de Keta para TDS durante a estação húmida, o que confirma a exatidão dos resultados de salinidade, condutividade e temperatura obtidos para a lagoa de Keta, que registaram todos os valores mais elevados. Isto é atribuível às escorrências agrícolas, industriais e domésticas que aumentaram a carga de nutrientes da lagoa, bem como à proximidade da lagoa e a uma grande abertura para o oceano aberto, portanto, uma quantidade relativamente maior de iões que entram na lagoa de Keta a partir do mar.

Para o TSS, o valor médio sazonal mais elevado foi registado na lagoa Mukwe durante a estação húmida, como resultado do grande influxo de material terrestre, fecal, sólido e plástico ou detritos provenientes da drenagem da terra devido à densa população humana na área, juntamente com a eliminação inadequada de resíduos. O mínimo registado na lagoa Densu durante a estação seca pode ser explicado pelo baixo influxo de água durante a estação seca e pelo represamento do rio Densu (que entra na lagoa), o que reduz efetivamente o influxo de materiais sólidos. Os elevados TDS e TSS causam eutrofização e atenuação da luz, respetivamente, levando à diminuição das quantidades de oxigénio dissolvido. Os sólidos em suspensão obstruem igualmente as vias respiratórias e de alimentação dos organismos e podem causar asfixia. Os valores obtidos para TDS, condutividade e salinidade confirmam, portanto, a forte relação existente entre eles, com a temperatura a atuar como uma função direta.

O valor médio sazonal mais elevado de ORP foi registado na lagoa Densu durante a estação seca. Isto indica a prevalência de condições óxicas devido à barragem de tratamento de água localizada a montante, que reduz eficazmente a quantidade de detritos e nutrientes anóxicos que entram na lagoa. O valor mais baixo foi registado para a lagoa Mukwe durante a estação húmida, complementando assim os Índices de Qualidade da Água desenvolvidos, que estabeleceram a lagoa Mukwe como a mais poluída devido ao elevado influxo de nutrientes provenientes da drenagem terrestre devido, em grande parte, a actividades antropogénicas ao longo da zona de captação da lagoa. Durante a estação das chuvas, os detritos e nutrientes provenientes de actividades domésticas, agrícolas e industriais são recolhidos nas zonas de captação dos cursos de água e rios que alimentam a lagoa. Estes detritos e nutrientes, ao entrarem na lagoa, aumentam a sua carga de nutrientes, causando eutrofização e défices de oxigénio.

Os valores de carência bioquímica de oxigénio (CBO) obtidos para todas as lagoas situam-se todos dentro de uma gama aceitável, abaixo do limite permitido de não exceder 5 mg/L. O valor sazonal médio mais elevado foi registado na lagoa Sakumo II durante a estação húmida, que se caracteriza predominantemente por uma grande extensão de vegetação herbácea e uma população humana densa, o que resulta numa grande descarga de efluentes orgânicos para a lagoa, o que demonstra a sua elevada necessidade de oxigénio através de processos biológicos como a decomposição. Como resultado da sua pequena abertura para o mar sob a forma de uma comporta permanentemente aberta (não funcional), a lagoa é pouco irrigada, o que significa que a matéria orgânica, ao entrar na lagoa, permanece lá durante um tempo relativamente longo em comparação com as outras lagoas que têm aberturas maiores. O valor mais baixo foi registado na lagoa Mukwe durante a estação das chuvas. A CBO é uma indicação da carga orgânica e é um índice de poluição especialmente para corpos de água que recebem efluentes orgânicos. As concentrações de CBO entre 1,0 e 2,0 mg/L são consideradas limpas, 3,0 mg/L razoavelmente limpas, 5,0 mg/L duvidosas e 10,0mg/L consideradas definitivamente más e poluídas (Vijayakumar *et al.,* 2014). Com base apenas nas concentrações de CBO obtidas, todas as lagoas não estão poluídas.

A maior concentração média sazonal de alcalinidade foi registada na lagoa Mukwe durante a estação húmida e a menor registada na lagoa Keta durante a estação seca. Apenas as lagoas de Keta e Densu se situaram dentro dos limites permitidos de 100 mg/L, enquanto que as lagoas de Mukwe e Sakumo se situaram acima dos limites, o que significa que estas lagoas receberam quantidades relativamente grandes de efluentes abundantes em bicarbonatos. A alcalinidade da água é uma medida da sua capacidade de neutralizar os ácidos. Os bicarbonatos representam a forma de medida da alcalinidade. A alcalinidade é importante para os peixes e a vida aquática porque protege ou amortece as alterações de pH quc podem ter efeitos fisiológicos e reprodutivos adversos, e torna a água menos vulnerável às chuvas ácidas (Kalwale e Savale, 2012).

Os nutrientes analisados para esta investigação são o Amoníaco, o Silicato, o Sulfato, o Nitrato e o Fosfato. Para o amoníaco, apenas as concentrações das lagoas de Keta e Densu ficaram abaixo dos limites aceitáveis de 1 mg/L (USEPA, 2009). As concentrações de sulfato apenas para a lagoa Sakumo II (tanto na estação húmida como na seca), a lagoa Mukwe (estação húmida) e a lagoa Densu (estação seca) ficaram abaixo dos limites permitidos de 250 mg/L (USEPA, 2009). A concentração de nitrato nas lagoas selecionadas variou de 0,63 mg/L a 10,97 mg/L. Todas as concentrações de nitrato ficaram abaixo dos limites permitidos de 10 mg/L (USEPA, 2009). As concentrações de fosfato de todas as lagoas ficaram acima dos limites aceitáveis de 0,1 mg/L (USEPA, 2009).

A disponibilidade destes nutrientes nas lagoas em estudo é principalmente atribuível à quantidade e à taxa de escoamento das actividades terrestres, como a agricultura, o recreio e a descarga de efluentes domésticos e industriais. Os nutrientes provenientes da aplicação de fertilizantes nas explorações agrícolas, bem como os esgotos e os resíduos sólidos, são transportados através dos sistemas fluviais e dos cursos de água para as massas de água costeiras. A proximidade e a influência do oceano aberto também afectam, em certa medida, a disponibilidade destes nutrientes. As escorrências excessivas conduzem a uma superabundância de nutrientes que, subsequentemente, leva à eutrofização e a condições anóxicas que são observadas na lagoa Mukwe. A eutrofização e as condições anóxicas podem levar a stress fisiológico, defeitos reprodutivos com morte em massa da vida aquática em situações graves.

As concentrações de nutrientes, com exceção do sulfato, registaram os valores mais elevados na lagoa Mukwe, o que é confirmado pelos níveis mais baixos de oxigénio dissolvido e de ORP, representando assim condições anóxicas. A lagoa Densu, por outro lado, registou concentrações de nutrientes relativamente mais baixas, acompanhadas de níveis relativamente mais elevados de oxigénio dissolvido e de ORP, representando condições óxicas. Isto significa que a lagoa Mukwe recebeu possivelmente a maior quantidade de efluentes e a lagoa Densu a menor. Curiosamente, a lagoa de Keta registou os níveis mais elevados de concentrações de sulfato, o que confirma o efeito de proximidade do oceano aberto. As concentrações de sulfato são mais elevadas na água do mar, o que significa que a lagoa de Keta é grandemente influenciada pelo oceano aberto devido à sua grande abertura, o que é confirmado pelo valor mais elevado de salinidade registado na mesma lagoa.

O Índice de Qualidade da Água (WQI) derivado para as várias lagoas indicou altos níveis de poluição nas quatro lagoas, variando de 152,79 a 319,77, com a lagoa Mukwe e a lagoa Keta caindo na faixa inadequada acima de 300, a lagoa Sakumo II considerada muito pobre (200-300) e a lagoa Densu considerada pobre (100-200). Os elevados IQA obtidos para as lagoas são atribuíveis a concentrações mais elevadas de TDS, alcalinidade, condutividade e amoníaco (até certo ponto).

CAPÍTULO SEIS

CONCLUSÃO E RECOMENDAÇÃO

Conclusão

A análise dos parâmetros físico-químicos produziu resultados interessantes que vão desde os parâmetros cuja concentração nas lagoas, independentemente das alterações sazonais, se situa acima dos limites admissíveis correspondentes até aos parâmetros cujas concentrações se situam dentro dos limites aceitáveis correspondentes. Curiosamente, parâmetros como o Oxigénio Dissolvido, a Salinidade, o Potencial de Redução do Oxigénio, a Alcalinidade e o Sulfato produziram valores que caíram abaixo e acima dos limites permitidos com as correspondentes mudanças sazonais devido a alguns factores ou processos biológicos e físicos. Parâmetros como o pH, o total de sólidos suspensos (exceto na lagoa Mukwe), a carência bioquímica de oxigénio e o nitrato situaram-se todos dentro dos limites aceitáveis, enquanto que a temperatura, a condutividade, o total de sólidos dissolvidos e o fosfato se situaram todos acima dos limites permitidos.

O Índice de Qualidade da Água (WQI) desenvolvido para as quatro lagoas variou de 152.79 a 319.77 com as lagoas Densu, Sakumo II, Keta e Mukwe registando 152.79, 246.32, 302.13 e 319.77 respetivamente. O WQI derivado para as várias lagoas indicou altos níveis de poluição nas quatro lagoas, com a lagoa Mukwe e a lagoa Keta caindo na faixa inadequada acima de 300 (mais poluída), a lagoa Sakumo II considerada muito pobre (200-300) e a lagoa Densu considerada pobre (100-200). O IQA das lagoas é superior a 100, o limite superior para a água potável, o que indica que as lagoas estão poluídas e são impróprias para o consumo animal, a vida aquática, os fins domésticos, recreativos e turísticos, acompanhadas de maus odores e impactos visuais em certos casos (o que foi observado na lagoa Mukwe).

A inadequação destas lagoas pode ser atribuída à industrialização, modernização e urbanização, actividades agrícolas deficientes, recreio e turismo devido à densa população humana que rodeia estas lagoas costeiras, o que leva a uma grande quantidade de esgotos, detritos ou descargas de efluentes orgânicos e escoamentos contendo nutrientes para as lagoas.

Recomendação

É impossível abordar as necessidades de investigação destas grandes, dinâmicas e complexas lagoas num curto estudo. Recomenda-se, por conseguinte, que seja realizada mais investigação sobre a medida em que a sazonalidade afecta os parâmetros físico-químicos e a qualidade da água das lagoas. Poderá ser efectuada mais investigação sobre a relação existente entre os parâmetros e o biota e a forma como se influenciam mutuamente. No que respeita ao controlo da poluição das lagoas, pode ser feita investigação sobre as fontes de poluição, o tempo de residência dos poluentes e as taxas a que são descarregados das fontes.

Com base no estudo, devem ser elaborados e aplicados regulamentos para proteger as lagoas costeiras, reforçados os regulamentos legislativos sobre a exploração das lagoas costeiras do Gana e aplicadas sanções aos infractores. Deveria ser instituído um programa anual de monitorização das lagoas, a fim de acompanhar o estado das nossas lagoas costeiras e os esforços destinados a protegê-las. Além disso, deve haver uma sensibilização ou educação do público sobre as lagoas costeiras, as suas propriedades ou caraterísticas, o seu estatuto e importância em termos de valores ou serviços socioeconómicos, culturais e ecológicos, e os efeitos adversos que podem ter na saúde pública se forem poluídas.

REFERÊNCIAS

Addo. M. A., Affum, H. A., Botwe, B. O., Gbadago, J. K., Acquah, S. A., Senu, J. K., Adom, T., Coleman, A., Adu, P. S. e Mumuni I. I. (2012). Avaliação da Qualidade da Água e dos Níveis de Metais Pesados em Amostras de Água e Sedimentos de Fundo da Lagoa Mokwe, Accra, Gana, *Research Journal of Environmental and Earth Sciences 4(2),* pp 119-130.

Allen, G., Mandelli, E. e Zimmermann, J. P. F. (1981). Investigação sobre lagoas costeiras, presente e futuro: Actas de um Seminário. Em Lassere, P. e Postma, H. (Eds.), *UNESCO Technical Papers in Marine Science 32,* pp 29-50. UNESCO, Paris, França.

American Public Health Association (APHA), American Water Works Association (AWWA) e Water Environmental Federation (WEF). (1998). *Standard Methods for Examinations of Water and Wastewater,* 20th ed. United Book Press, Inc. Baltimore, Maryland.

Associação Americana de Saúde Pública (APHA) (1998). *Standard methods for the examination of water and wastewater,* 20th ed.; Clesceri LS, Greenberg AE, & Eaton, AD, (Eds.); American Public *Health Association: American Public Health Association.* Clesceri LS, Greenberg AE, & Eaton, AD, (Eds); Associação Americana de Saúde Pública: Washington, DC.

Anthony, A.J., Atwood, P., August, C., Byron, S., Cobb, C., Foster, C., Fry, A., Gold, K., Hagos, L., Heffiner D. Q., Kellogg, K., Lellis-Debble, J. J., Opaluch, C., Oviatt, A., Pfeiffer-Heerbert, N., Rohr, L., Smith, T., Smythe, J., Swift, F. e Vinhaterio, N. (2009). Lagoas costeiras e alterações climáticas: Ecological and Social Ramifications in U.S. Atlantic and Gulf Coast Ecosystems. *Ecologia e Sociedade* 14(1): 8.

Apau, J., Appiah, S. K. e Marmon-Halm, M. (2012). Avaliação dos parâmetros de qualidade da água da lagoa Kpeshie do Gana. *Jornal de Ciência e Tecnologia, Vol. 32, No. 1,* pp 22-31.

APEC Água. (2014). *Sílica na água potável.* Recuperado em 26 de março de 2015, de http://www.freedrinkingwater.com/water-education2/711-silica-water.htm

APHA, (1995): Standard methods for the examination of water and wastewater; 19th ed. American Water Works Association e Water Pollution Control Federation Washington, DC.

Armah, A.K. e Amlalo, D.J. (1998). Coastal zone profile of Ghana; Projeto do Grande Ecossistema Marinho do Golfo da Guiné. Ministério do Ambiente, Ciência e Tecnologia, Accra, Gana.

Behar, S. (1997). Testando as águas: Sinais vitais químicos e físicos de um rio. River Watch Network: Montpellier, VT.

Boughey, A. S. (1957). Estudos ecológicos de costas tropicais: I. A Costa do Ouro, África Ocidental. *Journal of Ecology* 45, 665-687.

Diersing, N. (2009). Qualidade da água: Frequently Asked Questions (Perguntas frequentes). Florida Brooks National Marine Sanctuary, Key West, Florida.

Dwivedi, S. L. e Pathak, V. (2007). "A Preliminary Assignment of Water Quality Index to Mandakini River, Chitrakoot," *Indian Journal of Environmental Protection,* Vol. 27, No. 11, pp. 1036-1038.

Fobil, J.N. e Atuguba, R.A. (2004). Ghana: Migração e o complexo urbano africano. In: *Globalization and Urbanization in Africa*; Africa World Press: Trenton, NJ, EUA.

Gary, M. R. e Petrocelli, S. R. (1985). Fundamentals of Aquatic Toxicology: methods and applications (Fundamentos da toxicologia aquática: métodos e aplicações). Hemisphere Publishing Corporation: Washington, DC.

GESAMP. (1988). GESAMP Reports and Studies No. 33, Organização das Nações Unidas para a Educação, Ciência e Cultura, Paris, *Relatório da Décima Oitava Sessão, Paris 11-15 de abril de 1988.*

Gordon, C. (1987). As lagoas costeiras do Gana. Em Burgis M. J. e Symoens J. J. (Eds), *African wetlands and shallow water bodies,* ORSTROM, Travaux et documents no 21, Paris.

Gray, C. (2010). *Garantia de qualidade e avaliação da investigação académica.* Obtido em 22 de abril de 2015, de http://www.rin.ac.uk/our-work/communicating-and-disseminating-research/quality-assurance-and-assessment-scholarly-research

Goneng, I. E. e Wolflin, J. P. (2004). Coastal lagoons: ecosystem process and modelling for sustainable use and development. New York: CRC Press.

Kalwale, A. M. e Savale, P. A. (2012). Determinação dos Parâmetros Físico-Químicos da Água da Barragem de Deohi Bhorus. Avanços na Pesquisa em Ciências Aplicadas, 3(1): 273.279.

Kjerfve, B. (1994). Processos lagunares costeiros. Em Kjerfve, B. (Ed.). Coastal lagoon processes. Amesterdão, Países Baixos: Elsevier. *Elsevier Série Oceanografia,* 60: 1-8.

Kwei, E. A. (1977). Caraterísticas biológicas, químicas e hidrológicas das lagoas costeiras do Gana, África Ocidental. *Hydrobiologia* 56, 157-174.

Lamptey, A.M., Ofori-Danson, P.K., Abbenney-Mickson, S., Breuning-Madsen, H., Abekoe, M.K. (2013). A influência do uso da terra na qualidade da água numa zona costeira tropical: Estudo de Caso do Complexo Lagunar de Keta, Gana, África Ocidental. *Open J. Modern Hydrology,*3, 188 -195.

Mensah, M. A. (1979). The hydrology and fisheries of the lagoons and estuaries of Ghana. *Marine Fisheries Report no 7,* Accra, Gana.

Meybeck, M., Chapman, D. e Helmer, R. (1989). *Global Freshwater Quality: A First Assessment.* Blackwell Reference, Oxford, 306 pp.

Michaud, J.P. (1991). A citizen's guide to understanding and monitoring lakes and streams (Guia do cidadão para compreender e monitorizar lagos e cursos de água). Departamento de Ecologia do Estado de Washington, Gabinete de Publicações: Olympia, WA, EUA.

Miller, W. W., Joung, H. M., Mahannah, C. N. e Garett, J. R. (1986). Identificação de diferenças na qualidade da água através da aplicação de índices. Environmental Quality 15, pp 265-272.

Mohanty, S. K. (2004). "Water Quality Index of Four Religious Ponds and Its Seasonal Variation in the Temple City, Bhuvaneshwar," In Kumar, A. (Ed.), *Water Pollution*, APH Publishing Corporation, New Delhi, pp. 211-218.

Moore, M.L. (1989). NALMS management guide for lakes and reservoirs (Guia de gestão de lagos e reservatórios da NALMS). Sociedade Norte-Americana de Gestão de Lagos: Madison, WI, EUA
(http: //www.nalms .org).

Murdoch, T., Cheo, M. e O'Laughlin, K. (2001). Streamkeeper's Field Guide: Watershed Inventory and Stream Monitoring Methods (Inventário de bacias hidrográficas e métodos de monitorização de cursos de água). Fundação Adopt-A-Stream, Everett.

Mylavarapu, R. (2008). Impacto do fósforo na qualidade da água. Recuperado em 31 de junho de 2015, de http://edis.ifas.ufl.edu

Nichols, M. M., e Biggs, R. B. (1985). Estuários. Em: Davis, R. A. Jr. (Ed.), Coastal Sedimentary Environment. Springer, Nova Iorque, pp.77-187.

Ntiamoa-Baidu, Y. e Gordon, C. (1991). Planos de gestão das zonas húmidas costeiras: Gana. Relatório não publicado para o Banco Mundial, Departamento de Zoologia, Universidade do Gana, Accra.

Pagliaro, T. (2004). *Parâmetros para ensaios de campo da qualidade da água.* Recuperado em 26 de março de 2015, de http://www.wwdmag.com/laboratory-services/parameters-water- quality-field-testing

Pritchard, D., 1967. O que é um estuário: um ponto de vista físico. In: G. Lauff (ed.) Estuaries. Washington DC: Associação Americana para o Avanço da Ciência. Publicação 83.

Ramakrishnaiah, C.R., Sadashivaiah, C., G. Ranganna, G. (2009). Avaliação do Índice de Qualidade da Água para as Águas Subterrâneas em Tumkur Taluk, Índia. *E-Journal of Chemistry* 6(2): 523-530.

Simeonov, V., Einax, J. W., Stanimirova, I. e Kraft, J. (2002). "Environmetric Modeling and Interpretation of River Water Monitoring Data", *Analytical and Bioanalytical Chemistry*, Vol. 374, No. 5, pp. 898-905.

Conselho de Controlo dos Recursos Hídricos do Estado. (2010). *The Clean Water Team Guidance for Watershed Monitoring and Assessment (Orientação da Equipa de Água Limpa para a Monitorização e Avaliação de Bacias Hidrográficas*). Recuperado em 26 de março de 2015, de http://www.arroyoseco.org/wqparameters.htm

Troussellier, M. (Autor principal); Jean-Pierre Gattuso (Editor de tópicos). Lagoa costeira. In. Enciclopédia da Terra. Eds. Cutler J. Cleveland. Recuperado em 12 de maio de 2015, de http://www.eoearth.org/article/Coastal_lagoon

Vijayakumar, N., Shanmugavel, G., Sakthivel, D. e Amandan, V. (2014). Variações sazonais nas caraterísticas físico-químicas do estuário de Thengaithittu, Puducherry, costa sudeste da Índia. Avanços na Pesquisa em Ciências Aplicadas, 5(5): 39.49.

Organização Mundial de Saúde (OMS). (2004). "Diretrizes para a qualidade da água potável", 3ª edição, OMS, Genebra.

yes

I want morebooks!

Buy your books fast and straightforward online - at one of world's fastest growing online book stores! Environmentally sound due to Print-on-Demand technologies.

Buy your books online at
www.morebooks.shop

Compre os seus livros mais rápido e diretamente na internet, em uma das livrarias on-line com o maior crescimento no mundo! Produção que protege o meio ambiente através das tecnologias de impressão sob demanda.

Compre os seus livros on-line em
www.morebooks.shop

info@omniscriptum.com
www.omniscriptum.com

Printed by Books on Demand GmbH, Norderstedt / Germany